Saliha DJABALI

Polifenóis e resistência à infestação por fungos

Saliha DJABALI

Polifenóis e resistência à infestação por fungos

Efeito dos polifenóis na resistência à infestação por fungos em grãos de feijão seco

ScienciaScripts

Imprint

Any brand names and product names mentioned in this book are subject to trademark, brand or patent protection and are trademarks or registered trademarks of their respective holders. The use of brand names, product names, common names, trade names, product descriptions etc. even without a particular marking in this work is in no way to be construed to mean that such names may be regarded as unrestricted in respect of trademark and brand protection legislation and could thus be used by anyone.

Cover image: www.ingimage.com

This book is a translation from the original published under ISBN 978-620-6-70262-7.

Publisher:
Sciencia Scripts
is a trademark of
Dodo Books Indian Ocean Ltd. and OmniScriptum S.R.L publishing group

120 High Road, East Finchley, London, N2 9ED, United Kingdom
Str. Armeneasca 28/1, office 1, Chisinau MD-2012, Republic of Moldova, Europe
Printed at: see last page
ISBN: 978-620-7-79773-8

Conteúdo

Introdução

Juntamente com os cereais, os grãos de leguminosas, particularmente o feijão seco, são uma fonte de alimento e de proteínas para os seres humanos em muitas regiões do mundo (Kellouche e Soltani, 2005). Infelizmente, para além das perdas de rendimento no campo, o feijão (*Phaseolus vulgaris* L.) sofre danos consideráveis durante o armazenamento. A principal causa destes danos é a contaminação por bolores. Esta não só provoca uma redução direta do peso seco, como também reduz a qualidade tecnológica e nutricional do grão. As fontes de contaminação fúngica são numerosas e os grãos podem ser contaminados por fungos durante a estação de crescimento, bem como ao longo do processo de colheita até ao armazenamento (Bulter e Day, 1998).

Em resposta a esta contaminação, têm sido utilizados produtos químicos para inibir o crescimento dos fungos (Phattayakorn e Wanchaitanawong, 2009). No entanto, a OMS proibiu a utilização de certos fungicidas químicos devido aos seus efeitos toxicológicos indesejáveis a longo prazo, incluindo a cancerigenicidade (Chahardehi *et al.,* 2010). Do mesmo modo, a crescente sensibilização dos consumidores para os riscos destes compostos nos produtos alimentares levou à necessidade de procurar outros conservantes que sejam eficazes, naturais e seguros para a saúde.

Alguns estudos mostraram que a capacidade de uma espécie vegetal resistir ao ataque de insectos e microrganismos está frequentemente relacionada com o seu teor de compostos fenólicos (Harborne, 1989). As substâncias pertencentes ao grupo dos compostos fenólicos, que são altamente heterogéneas tanto em termos de composição como de estrutura, foram durante muito tempo mal compreendidas (Lugasi *et al.,* 2003). Consideradas como substâncias secundárias, metabolicamente inactivas, suscitaram pouco interesse. Atualmente, este ponto de vista está prestes a mudar. A investigação dos últimos anos demonstrou que os compostos fenólicos não são de modo algum produtos inertes do metabolismo. Nos tecidos vegetais, estão sujeitos a variações importantes em termos de quantidade e qualidade, demonstrando uma dinâmica bioquímica inegável (Esekhiagbe *et al.,* 2009).

Foram avançadas algumas hipóteses que postulam que as plantas utilizam diferentes meios para se defenderem dos ataques do seu ambiente, tais como insectos, bactérias, bolores, etc. Alguns destes meios de defesa envolvem compostos químicos que interagem com o metabolismo do atacante. Alguns destes meios de defesa recorrem a compostos químicos que interagem com o metabolismo do atacante; intoxicado e afetado, este último pode ser desencorajado a continuar o seu ataque. A acumulação de compostos polifenólicos poderia assim ser considerada como uma resposta não específica a diferentes tipos de agressão (Chërif *et al.,* 2007). Esta hipótese levou-nos a realizar um estudo sobre a correlação entre o teor de polifenóis totais dos grãos de duas variedades de feijão seco que diferem na cor e na resistência à infestação por fungos, com base nas conclusões de Esekhiagbe *et al.* (2009).

Os principais objectivos deste trabalho foram isolar e identificar os bolores que contaminam os grãos de duas variedades de feijão seco, avaliar o teor de polifenóis totais extraídos dos grãos e demonstrar a sua atividade antifúngica contra as estirpes isoladas.

Para atingir estes objectivos, considerámos útil estruturar o manuscrito da seguinte forma: para além da introdução e da conclusão geral, está estruturado em três partes. A primeira parte é uma revisão bibliográfica na qual são discutidos três capítulos; no primeiro capítulo, abordamos principalmente as causas e consequências da deterioração fúngica dos legumes secos e os meios para a combater; o segundo capítulo trata dos bolores, do seu isolamento e identificação; o terceiro capítulo elucida as principais classes de compostos fenólicos, as suas actividades biológicas e os principais métodos de extração e identificação. Esta síntese bibliográfica foi utilizada para apoiar o trabalho experimental e a interpretação dos nossos resultados.

A segunda parte apresenta o equipamento e os métodos utilizados para medir o teor de humidade, isolar e identificar os géneros de fungos que contaminam as duas variedades de feijão seco, extrair e quantificar os polifenóis totais dos grãos de feijão seco e testar a sensibilidade dos micróbios isolados aos extractos polifenólicos.

A terceira parte apresenta os resultados obtidos, seguidos de discussões; Resume a avaliação do teor em polifenóis totais das variedades de feijão seco analisadas, a estimativa da percentagem de contaminação, a identificação das estirpes de bolores isoladas, a avaliação do poder antifúngico dos extractos fenólicos das variedades analisadas relativamente às estirpes de bolores isoladas e a demonstração de correlações entre o teor em polifenóis totais dos grãos de feijão seco e a resistência à infestação por bolores.

1. Geral

Em termos de superfície e de quantidade produzida, as leguminosas são a segunda família de culturas mais importante depois dos cereais (Gepts *et al.*, 2005). As leguminosas pertencem à família *Fabaceae* e compreendem cerca de 20 000 espécies, caracterizadas por flores com cinco pétalas e um ovário superior que forma uma vagem cheia de grãos ricos em proteínas (Cronk *et al.*, 2006).

Os representantes desta família são: as proteaginosas de grão (ervilha, feijão, fava, grão-de-bico e lentilhas), as proteaginosas forrageiras (alfafa e trevo) e as proteaginosas oleaginosas (soja e amendoim) (Cazaux, 2009). As leguminosas secas, que são os grãos secos das leguminosas proteicas, distinguem-se dos grãos das leguminosas oleaginosas pelo seu baixo teor de gordura (FAO e OMS, 2007).

Na Argélia, as leguminosas alimentares mais cultivadas são: lentilha (*Lens culinaris* L.), grão-de-bico (*Cicer arietinum* L.), ervilha (*Pisum sativum* L.), fava (*Vicia faba* L.) e feijão (*Phaseolus vulgaris* L.) (MA, 1998). Estas culturas têm sido objeto de grande atenção por parte dos serviços agrícolas, a fim de aumentar a superfície cultivada e melhorar os níveis de rendimento (quadro 01).

Quadro 01: Superfície e produção de produtos hortícolas secos na Argélia (2006-2009) (DSASI, 2009).

	2006/2007		2007/2008		2008/2009	
	Área [ha]	Produção (Qx)	Área [ha]	Produção (Qx)	Área [ha]	Produção (Qx)
Feve/Feverole	31284	279735	30688	235210	32278	364949
Ervilhas secas	9184	62430	7556	36175	8487	59692
Lentes	873	5605	1309	10809	2588	26932
Grão-de-bico	20681	142940	20361	112110	22274	178404
Feijão seco	1394	9170	1040	5441	1616	11588
Gesses	94	950	197	1980	205	1325
Total	63510	500830	61151	401725	67448	642890

Embora as leguminosas alimentares cultivadas tenham sido objeto de alguns programas de desenvolvimento, a produção nacional de legumes secos não melhorou como esperado, nem em termos de área nem de produção de grãos. Os rendimentos têm sido instáveis para todas as espécies. As razões para esta situação são tanto técnicas como socioeconómicas (Drevon, 2009).

A nível mundial, as leguminosas para grão e as leguminosas forrageiras ocupam quase 180 milhões de hectares, o que representa 12-15% das terras aráveis (Djebali, 2008). As leguminosas para grão cobrem 33% das necessidades de proteínas da dieta humana. Esta percentagem é fornecida principalmente pelo feijão, ervilha, grão-de-bico e fava (Vance *et al.*, 2000).

Para além das suas qualidades nutricionais, as leguminosas desempenham um papel vital na preservação do ambiente. O azoto é o nutriente mais limitante para a produção vegetal na maioria dos ecossistemas naturais. Através das suas capacidades simbióticas, as leguminosas podem contribuir para a colonização de ecossistemas pouco férteis (Sprent e Parsons, 2000).

Para além destes benefícios para a alimentação e o ambiente, as leguminosas podem ser úteis numa variedade de indústrias, incluindo a alimentar, a química e a farmacêutica (Graham e Vance, 2003).

2. Composição bioquímica

Do ponto de vista bioquímico e nutricional, os legumes secos caracterizam-se por :

> um teor proteico entre 20 e 25%; estas proteínas são principalmente globulinas caracterizadas por uma falta de aminoácidos sulfurados (metionina e cisteína);

> Hidratos de carbono constituídos por amido perfeitamente digerível (45 a 50%) e fibras (8 a 18%); no entanto, contêm também a-galactósidos não digeríveis (rafinose, estaquiose, verbascose, etc.), hidrolisados e metabolizados pelas bactérias intestinais em hidrogénio, metano e outros gases responsáveis pela flatulência;

> a presença de factores antinutricionais termolábeis (inibidores da tripsina e lectinas) e de compostos fenólicos (Siret, 2000).

Estes ëléments estão distribuídos por toda a estrutura do grão (Figura 01).

> **Um invólucro protetor**: cuja espessura, peso relativo e rigidez variam consoante a espécie. É pobre em água e contém principalmente fibras e compostos fenólicos.

> **Dois cotilédones**: que contêm protëmes de reservas localizadas em corpos protëicos. Contêm igualmente lípidos, hidratos de carbono, nomeadamente amido, vitaminas e minerais.

> **O gérmen**: que representa 1 a 3% do peso do grão, contém proteínas (40%), lípidos (10%) e hidratos de carbono (45%) (Cup e Legnaud-Rouand, 1992).

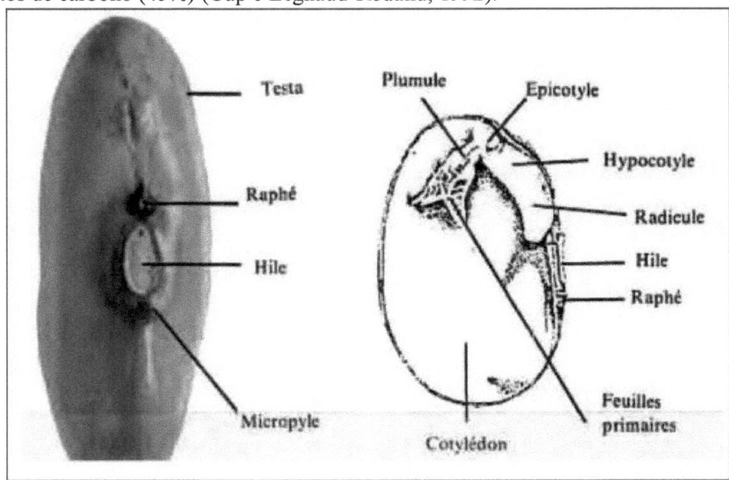

Figura 01. Estrutura do feijão seco (Daniel *et al.*, 1987).

O quadro 02 resume a composição média de alguns grãos de leguminosas. **Quadro 02: Composição média** de alguns grãos de leguminosas (g/100g de grãos) (Arkoyld e Daughty, 1982).

Grãos	Água	Proteínas	Lípidos	Hidratos de carbono	Fibras	Minerais
Ervilhas	9	23	1,5	60	8	3,5
Grão-de-bico	10	20	5	58	12	4
Feves	8	23,8	0,2	6	15	0,4
Feijões	11	23	2	55	4	4

Lentes	11	25	1	54	17	3

3. Armazenagem de produtos hortícolas secos

Por armazenagem entende-se a fase do sistema pós-colheita durante a qual os produtos são conservados, de forma adequada, a fim de garantir a segurança alimentar da população fora dos períodos de produção agrícola. Para atingir este objetivo, é obviamente necessário adotar medidas destinadas a preservar a qualidade e a quantidade dos produtos armazenados ao longo do tempo (De Lucia e Assennato, 1992).

Os grãos vegetais secos podem ser armazenados em todo o tipo de recipientes, desde cabaças de terra, cestos e cabanas até grandes silos de metal ou cimento (Hayma, 2004).

3. 1. Armazenagem tradicional

Neste tipo de armazenamento, o grão é mantido em celeiros redondos ou quadrados, geralmente feitos de terra com vários graus de adição de fibra de vëgëtal. O grande inconveniente deste método é a humidade muito elevada e a água de infiltração, que favorecem o desenvolvimento de bolores e o fenómeno de fermentação bacteriana (Doumandji *et al.*, 2003).

3. 2. Armazenamento em sacos

O armazenamento em sacos na loja é a solução mais frequentemente utilizada, uma vez que requer menos investimento do que o armazenamento a granel. Infelizmente, os sacos são deixados no chão e estão expostos a roedores e insectos que transportam esporos de bolor (Jard, 1995).

3. 3. Armazenagem a granel

O armazenamento a granel ainda não é muito comum nos países em desenvolvimento, mas está muito difundido nos países desenvolvidos. Os cereais empilhados são deixados ao ar livre, sob pavilhões abertos com armações de mëtalllque. Infelizmente, a contaminação é possível, especialmente porque neste tipo de construção, há sempre espaços entre as paredes e os telhados e os insectos podem passar livremente (Doumandji *et al.*, 2003).

3. 4. Armazenamento em silos

Trata-se de caixas cilíndricas de metal ou de aço, revestidas no interior por uma camada de alumínio para evitar a condensação (Jard, 1995). Estes silos permitem armazenar vários tipos de legumes secos ou de cereais e são multiprodutos (Duron, 1999). Trata-se de um método eficaz que reduz os danos e limita os ataques de pragas (Jard, 1995).

4. Factores de alteração

Durante o armazenamento, os legumes secos são ameaçados por:

5. 1. Factores físico-químicos

6. 1. 1. humidade

Entre os factores de degradação mais importantes, a humidade desempenha um papel prëpondërant durante o armazenamento (Multon, 1982). Em qualquer massa de grãos graúdos armazenada, que não seja ventilada artificialmente, as diferenças de tempëratura entre as diferentes partes da massa provocam um deslocamento da humidade e o resultado é frequentemente a formação de bolsas de humidade intensa, que constituem o ambiente ideal para o desenvolvimento de fungos (FAO, 1984). A flora de armazenamento é composta por espécies xerófilas adaptadas a substratos relativamente secos (Feillet, 2000).

7. 1. 2. Temperatura

A temperatura de armazenamento é o outro fator principal que influencia a longevidade dos cereais (FAO, 1994); desempenha um papel importante na preservação dos cereais, pois favorece o fenómeno da respiração e, consequentemente, a degradação dos produtos armazenados. Também influencia o desenvolvimento de microrganismos e insectos (Cruz e Diop, 1989). As baixas temperaturas abrandam a atividade dos microrganismos na superfície dos grãos, bem como a das larvas de insectos quando se encontram no interior dos grãos (Suszka *et al.*, 1994).

4.1.3 Duração da armazenagem

É evidente que quanto mais longo for o período de armazenagem, maior será a perda de matéria seca devida simplesmente à respiração dos grãos. Os riscos de ataque de vários predadores são igualmente maiores. Para o armazenamento plurianual, é importante lembrar que os grãos devem estar muito secos e num ambiente favorável para permitir a sua conservação durante um longo período (Cruz e Diop, 1989).

4.1.4 Teor de oxigénio e de dióxido de carbono

Os níveis de oxigénio e de dióxido de carbono afectam a natureza do metabolismo dos insectos, dos ácaros, dos microrganismos e dos grãos; afectam igualmente a oxidação não enzimática e certas reacções enzimáticas (Multon, 1982). O armazenamento dos grãos num ambiente com baixo teor de oxigénio mata os insectos, impede o desenvolvimento dos microrganismos e bloqueia ou retarda a degradação dos grãos (FAO, 1994). Este princípio de conservação é posto em prática em técnicas conhecidas como conservação em atmosfera confinada ou atmosfera inerte (Cruz e Diop, 1989).

4.2 Factores bióticos

As principais causas de danos nas instalações de armazenamento de leguminosas são

4. 2. 1 Insectos

Os insectos são os principais vectores de esporos de bolores no campo e no armazenamento (Pfohl-Leszkowicz, 2001). A maioria dos bolores desenvolve-se melhor a temperaturas de 25 a 30°C e humidades relativas de 70 a 80%. A temperaturas e humidades relativas mais baixas ou mais altas, continuam a desenvolver-se, embora em menor grau (Hayma, 2004). Existem cinco espécies principais de insectos que atacam o feijão seco. São elas a bruquídea do feijão (*Acanthoscelides obtectus*), a bruquídea do feijão-frade (*Callosobruchus maculatus*), a traça da farinha da Índia (*Plodia interpunctella*), a traça do tabaco (*Ephestia elutella*) e a traça da amêndoa (*Cadra cautella*). As bruquídeas do feijão e do feijão-frade são as mais destrutivas (Pfohl-Leszkowicz, 2001).

4. 2. 2 Molde

A biodëtëriação microbiana dos grãos antes e depois da colheita é um fenómeno bem conhecido que causa perdas significativas de até 30%. A contaminação por bolores é o principal dano que levará a muitos problemas (Satish *et al.*, 2010). Os bolores ou os seus esporos estão quase sempre presentes no grão. Os esporos precisam de um ambiente quente e húmido para se desenvolverem e produzirem hifas. As hifas penetram no produto e transformam-no parcialmente noutras substâncias necessárias ao seu crescimento (Hayma, 2004). Os géneros e as espécies que compõem a micoflora dos grãos de tegume secos são classificados em três grupos principais.

4. 2. 2. 1 Miceta de campo

No campo, as tegumineas são atacadas por numerosos bolores. Os bolores do campo incluem um grande número de espécies pertencentes, nomeadamente, aos géneros *Erysiphe, Botrytis, Ascochyta, Mycosphaerella, Verticilium, Fusarium, Colletotrichum*, etc. (Djebali, 2008). Agrupam bolores com uma tendência fitofágica que se envolvem no grão antes da colheita (Godon e Loisel, 1997).

Entre as doenças micológicas dos tegumineus (Tabela 03).

Tabela 03. Principais doenças dos tegumineus (Cazaux, 2009).

Doenças	Agente patogénico responsável	Cultura afetada
Ascocitose	*Ascochyta spp.*	feijão, lentilhas, grão-de-bico
Antracnose	*Colletotrichum spp.* *Mycosphaerella pinodes*	feijões, lentilhas,
Manchas castanhas	*Botrytis spp.*	grão-de-bico, fëve, lentilha
Podridão radicular	*Fusarium spp.* *Phytophthora spp.* *Pythium spp.* *Rhizoctonia spp.* *Sclerotinia spp.*	a maioria das plantas teguminosas de grão

4. 2. 2. 2. 2. micélio de armazenamento

Os principais bolores de armazenagem incluem apenas algumas espécies de *Aspergillus* adaptadas à vida sem água livre e, em menor grau, espécies de *Penicillium* (Christensen *et al.*, 1982), que crescem normalmente em ambientes onde a atividade da água é superior à necessária para o crescimento de *Aspergillus* e a temperaturas mais baixas. São contaminantes frequentes nas regiões temperadas (Tabuc, 2007).

4. 2. 2. 3. intermediário micete

É uma terceira categoria com um comportamento mais diversificado. Inclui germes capazes de um desenvolvimento limitado, no início do armazenamento, em condições particulares e especialmente em grãos insuficientemente secos. Esta flora inclui *Cladosporium, Trichoderma, Rhizopus, Absidi* e *Mucor*. Os Mucorales, juntamente com as leveduras *Candida* e *Torulopsi,* são os representantes habituais desta flora intermédia, cuja evidência revela frequentemente uma armazenagem em condições de confinamento e de humidade excessiva (Godon et Loisel, 1997).

4.3 Factores endógenos

4. 3. 1 Respiração

A atividade respiratória do grão seco é baixa, devido quase exclusivamente à respiração dos germes. Continua após a colheita e durante o armazenamento, acelerando ou abrandando de acordo com a temperatura e a humidade relativa, bem como com o teor de humidade do grão. Se o teor de humidade exceder 14%, a respiração aparente aumenta gradualmente até ser atingido um limiar crítico de humidade, para além do qual a respiração acelera rapidamente e o grão tende a aquecer. Os açúcares redutores são convertidos em CO_2 e água, levando a uma perda de açúcares e de matéria seca (FAO, 1984).

4. 3. 2 Enzimas

o teor de humidade necessário para a atividade de certos sistemas enzimáticos no gérmen desempenha um papel importante na armazenagem dos grãos. Por exemplo, as a- e P-amilases em grãos danificados pela germinação atacam os amidos e convertem-nos em maltose e dextrose. A atividade da amilase aumenta em grãos armazenados com um elevado teor de humidade (FAO, 1984). As enzimas lipolíticas, por outro lado, são as únicas susceptíveis de serem activas em níveis baixos de atividade da água (A_w), zonas que são precisamente mais favoráveis à oxidação química (Thiam *et al.,* 1976).

4. 3. 3 Fermentação

Quando a humidade excede 15%, pode ocorrer a fermentação de hidratos de carbono com a produção de álcool ou ácido acético, causando odores azedos característicos e perda de valor nutricional (FAO, 1984).

5. Mecanismo de resistência aos bolores em *Phaseolus vulgaris*

O feijão seco está exposto a uma grande variedade de fungos (Macarde, 2004). De acordo com a sua biologia trófica, podem distinguir-se três tipos. Os biotróficos, os necrotróficos e os hemibiotróficos. Os agentes biotróficos, como os fungos responsáveis pela ferrugem ou oi'dium e certos oomicetas (Albugo), precisam de conservar os tecidos do hospedeiro para se alimentarem e realizarem o seu ciclo reprodutivo, enquanto os necrotróficos, como os fungos responsáveis pela fusão (*Pythium*) ou pela podridão (*Botrytis)*, se desenvolvem matando os tecidos sobre os quais proliferam. Por fim, os hemibiotróficos, como os fungos *Magnaporthe*, *Colletotrichum* e oomicetas (*Phytophthora)*, iniciam o seu ciclo principalmente como biotróficos, passando depois a uma fase necrotrófica numa determinada fase do seu ciclo (Ramiro, 2009).

Foram realizados numerosos estudos para compreender os mecanismos de resistência e/ou de defesa do feijão, na esperança de reduzir a utilização de produtos fitofarmacêuticos. O feijão dispõe de um arsenal de defesas contra os agentes patogénicos. As primeiras defesas são as barreiras físicas, como o envelope protetor (Macarde, 2004). A resistência induzida, através da acumulação de compostos fenólicos e fitoalexinas, bem como a ativação de peroxidases, polifenoloxidases e enzimas-chave nas vias dos fenilpropanóides e isoflavonóides, pode desempenhar um papel crucial na sua resistência. Os ácidos cinâmico e ferúlico também estão envolvidos. No entanto, são necessários mais trabalhos para fornecer mais provas da acumulação destes compostos no momento, concentração e localização correctos, e para elucidar os genes reguladores envolvidos na sua indução rápida e coordenada em resposta ao ataque fúngico (Cherif *et al.*, 2007).

Apesar da existência de barreiras constitutivas (parede vêgétal, metabolitos secundários antimicrobianos, etc.) que conferem uma resistência geral eficaz, é muitas vezes necessária a indução de defesas mais adaptadas à infeção e a cada tipo de parasita (Ramiro, 2009). Existem, essencialmente, duas vias no sistema imunitário (Jones e Dangl, 2006). Em primeiro lugar, a resistência basal é desencadeada por receptores presentes na membrana da planta capazes de reconhecer sinais moleculares associados a micróbios ou agentes patogénicos (MAMPs ou PAMPs para "padrões moleculares associados a micróbios ou agentes patogénicos)", como a quitina (Ausubel, 2005; Chisholm *et al.*, 2006; Numberger e Kemmerling, 2006). Para contornar a defesa basal, os agentes patogénicos sintetizam proteínas efectoras de virulência que são libertadas nas células hospedeiras (Catanzariti *et al.*, 2007). Na fase seguinte do ciclo evolutivo, as células hospedeiras desenvolvem os meios para reconhecer as proteínas efectoras e responder ao ataque com um mecanismo de defesa robusto e rápido. Esta segunda frente de defesa é designada imunidade desencadeada por efectores (ETI) e é regulada por proteínas do tipo NB-LRR (Nucleotide Binding Leucine Rich Repeat) codificadas por genes de resistência (genes *R*) (Tameling e Takken, 2008). Os efectores fúngicos são reconhecidos pelas proteínas NB-LRR e activam respostas de defesa semelhantes. A resistência do tipo ETI, baseada em proteínas NB-LRR, é eficaz contra fungos biotróficos ou hemibiotróficos, mas não contra necrotróficos, que matam os tecidos das plantas e impedem assim qualquer resposta de resistência local (Ramiro, 2009).

Atualmente, 15 genes de resistência específicos foram caracterizados geneticamente no feijão comum. Oito genes de resistência são específicos da antracnose (Ramiro, 2009).

Ensaios *in vitro* e *in vivo* utilizando diferentes estirpes de *Phoma* sugerem o envolvimento de duas enzimas, quitinase e glucanase, no mecanismo de resistência à ascocitose (Baudoin *et al.*, 2011).

6. Melhoramento varietal do feijão seco *Phaseolus vulgaris*

O melhoramento varietal tem sido objeto de uma atenção especial desde há muito tempo. O objetivo do melhoramento é uma combinação de potencial de produção, adaptação a diferentes zonas agro-ecológicas, tolerância a stresses bióticos e abióticos e qualidade tecnológica (Feliachi, 2006).

Entre as espécies utilizadas para o melhoramento do feijão comum, *Phaseolus polyanthus* ocupa o primeiro lugar através da hibridação interespecífica, uma vez que apresenta um elevado nível de tolerância aos condicionalismos bióticos e abióticos (Baudoin *et al.*, 2011).

Foi introduzido um número limitado de amëtëliorëes, incluindo a *Mexican 142, Red Wolaita, Awash, Melke, Beshbesh* e *ROBA-1*, que são resistentes à mancha angular do feijão, à praga bacteriana comum, à ferrugem, à antracnose e à mosca do feijão (CIAT, 2003).

Na Argélia, os obstáculos que limitam a disponibilidade de novas variedades podem ser resumidos da seguinte forma:

> não existem estabelecimentos especializados no melhoramento vegetal;

> lentidão na aprovação e comercialização de novas variedades;

> relutância das empresas produtoras de sementes em aceitar novas variedades, com receio de não as poderem vender no mercado, uma vez que os agricultores argelinos têm dificuldade em adotar novas variedades devido à insuficiência dos sistemas de extensão;

> baixo contributo da investigação nos domínios da reprodução e da produção de sementes (Feliachi, 2006).

7. Consequências das alterações na composição bioquímica e no valor comercial dos produtos hortícolas secos

Os bolores são agressivos e degradantes apenas na sua forma micelial. Sob a forma de esporos, podem dispersar-se muito amplamente e contaminar, mas são inertes enquanto o ambiente não permitir o seu desenvolvimento. Por conseguinte, é importante distinguir entre a contaminação por esporos e a degradação, que é a fase ativa provocada pela expansão do micélio (Roquebert, 1997).

Os bolores modificam significativamente o substrato em que vivem, pelo que o crescimento de bolores nos grãos é acompanhado por uma alteração do seu aspeto, odor e sabor, uma perda de matéria seca, uma redução do valor nutritivo e uma alteração da sua composição (Cahagnier, 1996).

7. 1. Degradação dos hidratos de carbono

Os legumes secos contêm cerca de 60% de hidratos de carbono, a maior parte dos quais são representados pelo amido. A degradação do amido é um dos processos mais comuns e envolve vários tipos de enzimas: a -amilase, que tem uma ação endomiética que leva à formação de *D-glucose*, maltose e uma pequena quantidade de maltodextrina, a gluco-amilase, que liberta unidades de glicose das extremidades não redutoras dos polímeros, e a f3-amilase, que tem uma ação exomolecular, produzindo maltose (Guiraud, 2003).

7. 2. Degradação dos lípidos

Os lípidos dos cereais, nomeadamente os triglicéridos, são particularmente sensíveis à degradação por microrganismos. As primeiras alterações bioquímicas que os grãos sofrem durante uma armazenagem mal conduzida observam-se mais frequentemente nos lípidos (Feillet, 2000). Os triglicéridos são hidrolisados em glicerol e ácidos gordos por lipases que se encontram nos bolores dos géneros *Rhizopus, Aspergillus* e *Geotrichum* (Guiraud, 2003).

7. 3. Degradação das proteínas

Alguns legumes secos, como o feijão, são ricos em proteínas. Graças às suas enzimas proteolíticas (protease), os bolores hidrolisam as proteínas, o que leva à formação de aminoácidos que são facilmente utilizados pelos bolores. $_2$Existem também substâncias de hidrólise como o sulfureto de hidrogénio (H S) e o amoníaco. Esta degradação provoca essencialmente a emissão de maus cheiros e uma alteração profunda da consistência e do sabor, que se torna amargo. As principais espécies que provocam esta hidrólise são: *Aspergillus flavus, Aspergillus parasiticus* e *Aspergillus niger* (Multon, 1982).

7. 4. Biossíntese de micotoxinas

As micotoxinas são metabolitos secundários de baixo peso molecular produzidos por vários bolores em determinadas condições ambientais. Encontram-se no micélio e nos esporos e podem difundir-se no substrato (Brochard e Le Bacle, 2009). Uma determinada micotoxina não é necessariamente específica de um único bolor; da mesma forma, um determinado bolor pode produzir várias toxinas diferentes (D'Halewyn *et al.*, 2002). A origem química das micotoxinas é muito diversa, algumas derivam de aminoácidos (alcalóides da cravagem do centeio, ácido aspergílico, etc.), policetoácidos (aflatoxinas, ocratoxina, patulina, etc.), dës terpénicos (dësioxina, etc.), dësioxina, etc.) e dësioxina.), dërivës terpénicos (Diacëtoxyscirpënol, Fusarenona, etc.) ou dërivës de ácidos gordos (Fumonisinas, Alternariol) (Pfohl-Leszkowicz, 1999).

De acordo com a FAO (1984), cerca de 25% dos géneros alimentícios estão contaminados com micotoxinas, que representam vários tipos de risco:

> **Toxicológico**: Toxicidade; aumento da prevalência de certos cancros e alergias, bem como danos muito graves nos rins, fígado, genes, sistema imunitário, trato genital e sistema nervoso;

> **Tecnológico**: inibição enzimática, resistência aos tratamentos;

> **Económica**: O pior desempenho dos animais alimentados com alimentos contaminados leva à rejeição pelos consumidores.

De acordo com Pfohl-Leszkowicz (1999), os principais tipos de micotoxinas encontradas no feijão seco são: aflatoxinas, ocratoxina, ácido penicílico e esterigmatocistina.

8. Métodos de prevenção e controlo

O bolor pode ser controlado antes de atacar o grão. É o que se designa por controlo preventivo. Por vezes, é necessário combater diretamente os bolores, o que se designa por controlo curativo.

8. 1. Acções preventivas

Este controlo implica uma higiene rigorosa das máquinas de colheita, das instalações de manuseamento, dos meios de transporte e dos locais de armazenamento. É importante isolar as novas colheitas das colheitas antigas no armazém (Kellouche e Soltani, 2005) e, para evitar ou pelo menos limitar a emigração de insectos portadores de esporos para as culturas, os locais onde os legumes secos são armazenados devem ser limpos e, se necessário, desinfectados. No cultivo, a utilização de variedades resistentes pode ser um método eficaz de controlo (Goix, 1986).

8. 2. Controlo curativo

8. 2.1 Controlo químico

Os danos mais significativos ocorreram durante o período de armazenamento. Foram utilizados vários tipos de fungicidas, incluindo ácidos orgânicos de baixo peso.

(ácido propiónico, ácido acético e ácido fórmico) e os seus sais são os mais utilizados (Magan e Olsen, 2004). No entanto, alguns micróbios podem utilizar estes ácidos como fonte de carbono, daí a necessidade de procurar métodos alternativos de conservação de grãos

(Tatsadjieu *et al.*, 2009). No caso de grandes lotes de armazenamento, a fumigação é uma técnica eficaz. Infelizmente, porém, entre as substâncias químicas utilizadas, o brometo de metilo e o óxido de etileno provocam a indução de phënomënes de resistência em géneros toxinogénicos (Flamini e Luigi Cioni, 2003).

8. 2. 2. Combate físico

Os agentes físicos, como a temperatura ou a radiação, revelaram-se muito eficazes (Botton *et al.*, 1990). A ação letal da irradiação gama nos organismos vivos resulta de modificações químicas, mesmo quantitativamente diminutas, induzidas nas suas moléculas vitais. Os fungos produtores de toxinas são mais sensíveis à irradiação do que os outros. No entanto, muitos factores práticos, tanto técnicos como biológicos, continuam a limitar a utilização da irradiação gama (Magan e Olsen, 2004).

8. 2. 3 Controlo biológico

A utilização intensiva e indiscriminada de fungicidas químicos nas instalações de armazenagem conduziu à contaminação da biosfera e da cadeia alimentar, à erradicação de espécies não visadas, como a fauna auxiliar, e ao aparecimento de microrganismos resistentes (Magan e Olsen, 2004). Por conseguinte, o controlo biológico tornou-se essencial. Os mecanismos pelos quais o crescimento dos fungos e a produção de micotoxinas podem ser evitados num ambiente competitivo incluem a competição por nutrientes e espaço e a indução de mecanismos de defesa. Embora o controlo biológico ainda não pareça ser viável nos cereais, um benefício importante que poderia resultar de estudos sobre micetas antagonistas seria a descoberta de compostos que inibem a produção de micetas e/ou de micotoxinas de armazenagem (Magan e Olsen, 2004).

8. 2.4 Controlo com produtos naturais

Recentemente, os resíduos de pesticidas nos produtos hortícolas, em particular os fungicidas utilizados na fase pós-colheita, a maior sensibilização dos consumidores para os riscos destes resíduos nos produtos alimentares e o seu efeito na saúde humana, bem como o aparecimento de resistência dos micélios a certos fungicidas químicos, estão a obrigar os agricultores a procurar novas substâncias e métodos de conservação, incluindo a utilização de produtos naturais como os óleos essenciais e os extractos polifenólicos de plantas (Shirzadl *et al*, 2011). No entanto, resultados contraditórios têm ëlë relatado em muitos casos, uma vez que vários parâmetros devem ser considerados quando estes resultados são comparados: o meio de cultivo, a fonte botânica do material vegetal e as técnicas de extração (Lis-Balchin, 2002).

Capítulo 02
Molde

1. Características gerais

Os bolores são organismos eucarióticos filamentosos (Reboux *et al.*, 2010). Alguns vivem em simbiose com vëgëtais, outros são parasitas de vëgëtais e/ou animais, outros são saprófitas, crescendo sobre dëchets orgânicos (Bouchet, 2005).

Trata-se de um grupo hëtërogëneo de fungos microscópicos, ubíquos, caractërisës por: ❖ natureza química da parede celular, constituída essencialmente por stërol (ergostërol) e polissacáridos (P-glucanos e quitina) (Chabasse *et al.*, 2002);

❖   reprodução por esporos sexuais ou assexuados (Tabuc, 2007);

❖   a presença de ^увсдёно, como substância de reserva (Tabuc, 2007);

❖   na ausência de clorofila, ou seja, heterotróficos (Tabuc, 2007).

Encontram-se por toda a parte na natureza e têm duas facetas, l'a tenífica: *Penicillium camembertii* e *Penicillium roquefortii* na queijaria; *Penicillium jensenii* ou *nalgiovense* nas carnes curadas (Boudra, 2002), a utilização em medicina para a síntese de antibióticos e a utilização na agricultura como meio de luta contra os irematódeos (Galtier *et al.*, 2005). De referir ainda que a biomassa produzida pelo *Penicillium chrysogenum* é utilizada como fertilizante ou alimento para bëlяП (Nguyen, 2007). A outra faceta prejudicial é a redução quantitativa e qualitativa do valor alimentar do produto, uma queda no rendimento das culturas e graves problemas de saúde (Krogh, 1987).

Podem distinguir-se dois grupos de fungos toxinogénicos: o primeiro tipo consiste em fungos que invadem o seu substrato e produzem a micotoxina em plantas senescentes ou stressadas: são conhecidas como toxinas de campo (Brochard e Le Bacle, 2009). O outro grupo é constituído por fungos que produzem toxinas após a colheita e são designados por toxinas de armazenagem (Galtier *et al.*, 2005).

2. Classificação

A classificação dos bolores baseia-se essencialmente em critérios puramente morfológicos (Meyer *et al.*, 2004). Constituem um verdadeiro reino ë igual ao das plantas e dos animais. Partilham com os animais a capacidade de expcrtar as enzimas hidrolíticas que decompõem os polimëres utilizados na alimentação (Hawksworth *et al.*, 1995) e com os vëgëtais o aparelho vëtativo "talo" dëpourvu dos caules, raízes e folhas (Taylor, 1993). As principais subdivisões que caracterizam os bolores estão resumidas na Tabela 04.

Tabela 04. Classificação dos bolores (Meyer *et al.*, 2004).

Subdivisões	Classes	Encomendas	Géneros
Zygomycotina	*Zigomicetos*	*Mucorales*	*Rhizopus*
Ascomycotina	*Plectomicetos*	*Eurotiales*	*Emericela*
	Pyenomycetes	*Spahaeriales*	*Neurospora*
	Hemiascomycetes	*Endomycetales*	*Alternaria*
		(leveduras)	*Fusarium*
			Eremothecium
			Puccinia
Basidiomicotina	*Hemibasidiomicetos*	*Urenidales*	*Aspergillus*
		Ustilaginales	*Moniliella*

| Deuteromicotina | Hyphomycetes | Moniliales | Penicillium |

3. Modo e condições de desenvolvimento
4. 1. Modo de desenvolvimento

A colonização do substrato é conseguida através da extensão e ramificação das hifas. As regiões apicais das hifas são as partes activas onde ocorre a maior parte das reacções de síntese e degradação do metabolismo primário, caracterizando-se pela presença de numerosas vësículas citoplasmáticas contendo enzimas e precursores para a síntese de novos polímeros. Os produtos do metabolismo secundário tendem a ser armazenados na região subapical, sendo os mais conhecidos os pigmentos, os antibióticos e as micotoxinas. As hifas são aplicadas ao substrato ou, por vezes, imersas no mesmo. Absorvem água, nutrientes e iões através das suas paredes (Roqubert, 1997).

5. 2. Condições de desenvolvimento

Como todos os microrganismos, o crescimento dos fungos também depende de vários factores:

3.2.1 Factores nutricionais

Os nutrientes mais importantes são o carbono e o azoto (Abdel Massih, 2007).

Glucose, frutose, manose, galactose, maltose, sacarose, amido e celulose representam os açúcares mais ий^ёз pelos bolores como fonte de carbono e energia. Estes hidratos de carbono são dëgradës graças à glicólise e ao aëroбle mëtabolismo (Boiron, 1996; Nicklin *et al.*, 2000). O azoto é o segundo elemento químico mais importante no material celular, consistindo principalmente em protëinas e ácidos nucleicos. Representa em média 12% do peso seco das células (Scriban, 1993); não pode ser assimilado sob a forma de azoto atmosférico pelos bolores. Estes últimos metabolizam o nitrato, o amónio, a ureia e os ácidos amíicos, que são mais facilmente assimiláveis (Botton *et al.*, 1990). Os péptidos e as protinas só são utilizados pelos bolores após a sua degradação (Botton *et al.*, 1990; Nicklin *et al.*, 2000).

O cobre, o mag^sio, o sódio, o zinco e o molibdëne são micronutrientes (Nicklin *et al.*, 2000) que são requeridos pela maioria das espécies fúngicas para a produção de citocromos, pigmentos, ácidos orgânicos, etc. Além disso, o fósforo, o potássio, o cálcio e o enxofre representam os macronutrientes requeridos pelos bolores e são convertidos em vários compostos após a redução (Boiron, 2000). Além disso, o fósforo, o potássio, o cálcio e o enxofre representam os macronutrientes requeridos pelos bolores e são convertidos em vários composës após a redução (Boiron, 1996).

Várias vitaminas são também importantes para o seu crescimento, em particular a tiamina e a biotina, que actuam como coenzimas durante a carboxilação (Riviere, 1975; Botton *et al.*, 1990).

3. 2. 2 Factores físico-químicos
3. 2. 2. 1 Atividade da água (Aw)

Os bolores são mais xërotolërantes do que outros microrganismos (Ibicreries, leveduras). A maioria deles cresce bem em valores de Aw de cerca de 0,85, enquanto os bolores pertencentes aos géneros *Aspergillus* e *Penicillium* são geralmente capazes de crescer em valores de Aw de cerca de 0,7 a 25°C; Podem, portanto, desenvolver-se em alimentos pobres em água, tais como cereais durante o armazenamento, vegetais secos e produtos com atividade de água reduzida (carnes curadas secas, compotas, etc.).). Em comparação, *o Fusarium* só se pode desenvolver em níveis de Aw superiores a 0,9. Estas são, portanto, espécies que se desenvolvem no campo, em plantas vivas (Castegnaro e Pfohl-Leszkowicz, 2002).

3. 2. 2. 2. 2. pH

Os micrócitos podem crescer numa vasta gama de pH; crescem para pH entre 3 e 8, com crescimento ótimo entre 5 e 6 (Keller *et al.*, 1997). Algumas espécies, como *Aspergillus niger,* podem crescer até 1,7. Esta capacidade de crescer num ambiente ácido significa que podem ser separados das bactérias para isolamento (Larpent et Larpent, 1990).

3. 2. 2. 3. Temperatura

Os bolores são geralmente mesófilos e o crescimento das hifas é ótimo entre 20 e 25°C. Fora deste intervalo de temperatura, o crescimento das hifas é mais lento. Existem também espécies psicrófilas, como *Penicillium expansum, P. verrucosum e P. viridicatum.* Estas espécies podem desenvolver-se a temperaturas inferiores a 4°C. Estas espécies são responsáveis pela deterioração de alimentos conservados a frio (Pfohl-Leszcowicz, 2001). As espécies tolerantes ao calor são mais raras. É o caso do *Aspergillus flavus.* A temperatura óptima para o seu crescimento situa-se entre 25 e 35°C, mas este bolor pode crescer bem numa gama mais ampla (15-45°C) e por vezes até 50°C (Castegnaro e Pfohl-Leszkowicz, 2002). Convém sublinhar que a grande maioria dos bolores é sensível a um aumento da temperatura e que um tratamento de cozedura ou de pasteurização destrói geralmente os micélios e os esporos fúngicos (Pfohl-Leszkowicz, 2001).

3. 2. 2. 4 Presença de oxigénio

Os bolores são microrganismos aeróbios. No entanto, o seu desenvolvimento é pouco afetado por níveis 10 vezes inferiores (2,1%) aos da atmosfera. Assim, certas espécies de bolores podem desenvolver-se em géneros alimentícios armazenados numa atmosfera pobre em oxigénio. Por exemplo, o *Aspergillus flavus* pode desenvolver-se na presença de concentrações elevadas de azoto "N2" (99%) ou de concentrações baixas de oxigénio "o2" (0,5%), mas uma concentração de 80% de dióxido de carbono "CO " inibe o seu crescimento. Do mesmo modo, o desenvolvimento do *Aperg^ilUis ochraceus* é completamente inibido por 80% de co2 (Pfohl-Leszcowicz, 2001). *Penicillium* 2verrucosum pode tolerar concentrações de co2 até 25% sem qualquer alteração significativa no seu desenvolvimento; acima de 25% de co2, o crescimento do fungo é reduzido em 40% e em quase 75% numa atmosfera contendo 50% de CO (Cairns-Fuller *et al.*, 2005). 2Por outro lado, o *Fusarium proliferatum* é dependente da presença de oxigénio (Keller *et al.*, 1997) e a ausência de O reduz consideravelmente a biomassa do fungo. Algumas espécies podem desenvolver-se anaerobicamente, como é o caso de *Byssochlamys,* que contamina os sumos de fruta conservados por pasteurização (Pfohl-Leszkowicz, 2001).

3. 2. 2. 5. luz

A luz favorece a maturação e a germinação dos esporos. Os bolores são geralmente indiferentes à ação da luz. No entanto, algumas espécies (*Tuberales*) não toleram a luz e crescem em locais escuros (grutas). Pelo contrário, outras prosperam em encostas de montanhas permanentemente soalheiras ou em regiões desérticas (*Discomycetes*) (Pfohl-Leszkowicz, 2001).

3. 2. 3 Factores biológicos

3.2.3.1 Presença de insectos

Os insectos, os ácaros e os gorgulhos são os principais vectores de esporos de bolores, que introduzem no grão através das lesões que criam. A infestação por insectos predispõe o grão à contaminação por bolores e à produção de micotoxinas (Brochard e Le Bacle, 2009).

A análise dos esporos de fungos presentes na superfície do corpo dos insectos e nos seus intestinos revelou a presença de esporos de *Aspergillus flavus, Penicillium brevicompactum, P. chrysogenum, P. cyclopium, P. griseofulvum, Botrytis cinerea, Cladosporium herbarum* e

Alternaria alternata. Estas diferentes espécies de fungos foram depois encontradas nas amostras analisadas (Hubert *et al.*, 2004). Isto mostra que os insectos estão longe de desempenhar um papel secundário na contaminação no campo ou nas zonas de armazenagem.

3. 2. 3. 2 Interacções microbianas

A competição por nutrientes e espaço é um fenómeno frequente no mundo vivo. A presença simultânea de várias espécies de microrganismos no mesmo ambiente leva a interacções entre as diferentes espécies. As condições ambientais podem favorecer certas espécies e desfavorecer outras. Por exemplo, *as Mucoraceae, com a sua* elevada taxa de crescimento apical, invadem rapidamente o ambiente, inibindo o desenvolvimento de espécies de crescimento mais lento. A síntese de substâncias tóxicas (micotoxinas) e a sua acumulação no ambiente podem também ter um efeito inibidor no desenvolvimento de outras espécies de fungos (Pfohl-Leszkowicz, 2001).

4. Reprodução

Os fungos reproduzem-se de duas formas: sexualmente, através da fusão de duas células gaméticas, e assexuadamente ou vegetativamente (Champion, 1997).

4. 1. Reprodução sexual

Os bolores reproduzem-se de acordo com um ciclo de reprodução sexual (Bousseboua, 2005) que envolve a produção de órgãos sexuais e gâmetas, a fusão de gâmetas ou órgãos seguida de cariogamia e meiose e o desenvolvimento de corpos de frutificação (Larpent e Larpent, 1990). Este tipo de reprodução permite a recombinação de características hereditárias. A sexualidade existe apenas em certas espécies, noutras nunca foi demonstrada e noutras é inconstante ou rara (Guiraud, 2003).

4. 2. Reprodução vegetativa

É muito mais difundida do que a primeira e, embora não envolva transformação genética, desempenha um papel importante na disseminação das espécies. Ocorre quer pela fragmentação do talo, quer pela produção de esporos assexuados (Branger *et al.*, 2007). Nos bolores, podem ser produzidos vários tipos de esporos de reprodução vegetativa (Branger *et al.*, 2007): artósporos (a partir da septação da parede celular), esporangiósporos (formados num esporângio na ponta de uma hifa), conidiósporos (produzidos na periferia das hifas) e blastósporos (formados por brotamento superficial de uma célula vegetativa) (Bousseboua, 2005).

5. Isolamento

A maioria dos ambientes naturais (ar, solo, água, matérias-primas alimentares e produtos manufacturados) contém microrganismos. Praticamente nenhum ambiente resiste à sua colonização (Moreau, 1996).

A identificação e o isolamento dos bolores num substrato contaminado são efectuados em meios de cultura concebidos para eliminar as bactérias e, se necessário, para promover especificamente certos contaminantes (Cahagnier *et al.*, 1998). Os meios de isolamento podem ser classificados em três categorias:

5. 1. Meios de cultura

Os meios de cultura são pouco selectivos, permitindo o isolamento de um grande número de bolores, o meio Czapek permite a eliminação de bactérias devido à sua acidez, o meio Oxytetracycline glucose agar (OGA) e o meio Sabouraud são utilizados para o isolamento de leveduras e bolores (Botton *et al.*, 1990). No caso das espécies fitopatogénicas, é preferível utilizar meios baseados em decocções de plantas, como o meio de gelose de batata e o caldo de gelose de feijão (Guiraud, 2003).

5. 2. Meios selectivos

Estes meios estão adaptados à procura de uma espécie ou grupo de espécies com uma ecologia particular que é difícil de detetar utilizando um meio normal. São adicionados antibióticos a estes meios para inibir o crescimento de bactérias indesejáveis no isolamento de bolores; os antibióticos utilizados incluem a penicilina (5-20ppm), a gentamicina (50-60ppm), o cloranfenicol (50-100ppm), etc. A utilização de meios inibidores de bolores invasivos é necessária no caso de certos fungos, como o *Mucor* e o *Rhizopus*, que invadem rapidamente os meios de isolamento, impedindo assim a expressão de outras espécies de fungos. O meio Jarvis e o meio dicloran rosa bengala clortetraciclina (DRBC) podem ser utilizados para o isolamento seletivo e a contagem de bolores alimentares (Botton *et al.*, 1990).

5. 3. Meios diferenciais

Estes meios são utilizados para determinar fungos que, na maioria das vezes, pertencem a géneros difíceis de identificar, favorecendo o crescimento de certos géneros ou espécies, facilitando assim a sua caraterização; por exemplo, *Aspergillus flavus* e *Aspergillus parasitacus* isolados em meio *Aspergillus flavus* et *parasiticus* agar (AFPA), que permite uma caraterização simples pela cor amarelo-alaranjada do verso das colónias, meio creatina gelose (CREA), que permite identificar várias espécies pelo seu aspeto.

de *Aspergillus, Penicillium* e *Fusarium* em gelose com Dicloran-cloranfenicol (DCPA) ou em gelose com iprodiona e dicloran (CZID) (Guiraud, 2003).

6. Identificação do molde

A identificação do grande número de espécies de fungos que podem colonizar os géneros alimentícios e alterar a sua qualidade, ou mesmo produzir micotoxinas, é uma etapa essencial para reavaliar o risco micológico. Durante muito tempo, esta identificação *baseou-se* exclusivamente na observação das características culturais e morfológicas das espécies. Os recentes progressos da biologia molecular permitiram propor ferramentas de ajuda à identificação (Tabuc, 2007).

7. 1. Identificação morfológica

A identificação de uma espécie de fungo baseia-se na análise de critérios culturais (temperatura e taxa de crescimento, ambientes favoráveis) e morfológicos. Estes últimos são macroscópicos (aspeto das colónias, da sua face inferior, etc.) e microscópicos (aspeto do micélio, dos esporos, dos fialídeos, etc.) (Cahagnier et Molard, 1998).

7.1. 1. Critérios de identificação macroscópica

Os fungos filamentosos formam colónias fofas, lanosas, algodonosas, aveludadas, pulverulentas ou granulosas; por vezes, podem ter um aspeto sem pêlos, um relevo plano ou enrugado e variam em consistência e tamanho. As cores mais comuns das colónias são o branco, o creme, o amarelo, o laranja, o vermelho a violeta ou o azul, o verde, o castanho a preto. Os pigmentos podem estar localizados no micélio (*Aspergillus, Penicillium*) ou difusos no meio de cultura (*Fusarium*) (Botton *et al.*, 1990).

6. 1. 2. Critérios de identificação microscópica

O exame microscópico de uma colónia de fungos é efectuado depois de a espalhar entre uma lâmina e uma lamela. Geralmente, o exame com uma objetiva de 40 é suficiente para revelar a maioria dos elementos importantes do diagnóstico (Cahagnier et Mollard, 1998).

Todos os fungos possuem um aparelho vegetativo constituído por filamentos (hifas) que, no seu conjunto, formam o talo filamentoso ou micélio; o talo pode ser sifonado ou septado (Badillet *et al.*, 1987), e os esporos podem ser endógenos ou exógenos, formados de forma talosa ou blástica (Figura 02) (Botton *et al.*, 1990).

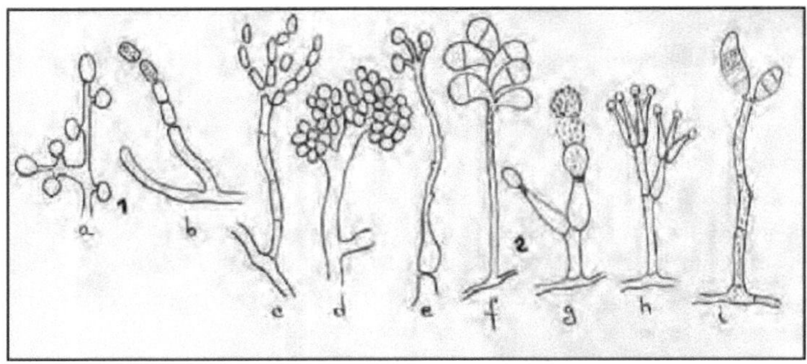

Figura 02. Formação de conídios (Botton *et al.*, 1990).

1. Formação talosa: a: solitária (*Chrysogenum*), b: artrítica (*Geotrichum*)
2. Formação blástica: c: acropete (*Cladosporium*), d: sincrónica (*Botrytis*), e: simpodial (*Beauveria*), f: regressiva (*Trichothecium*), g: anelídica (*Scopulariopsis*), h: fialídica (*Penicillium*), i: porica (*Curvularia*).

Cinco grupos de esporos podem ser distinguidos com base na forma e nos padrões de septação: Amërósporos (*Penicillium* e *Aspergillus*), Didymosporos (*Trichothecium*), Phragmosporos (*Curvularia*), Dictyospores (*Alternaria*), Scolecospores (*Fusarium*), regroupëes na extremidade da célula conidiogénica em aglomerados (*Beauveria, Trichothecium*), em massas (*Botrytis*), em cabeças (*Acremonium, Trichoderma*), em cadeias basipetais (*Scopulariopsis, Aspergillus, Penicillium)* ou em cadeias acropetais (*Cladosporium, Alternaria*) (Botton *et al.*, 1990).

As células conidiogénicas podem surgir a partir de estruturas mais ou menos elaboradas derivadas do тусёНит vёgёtative. Isto é ий^ё para a identificação de géneros e espécimes. Podem estar diretamente inseridos em filamentos vegetativos (*Acremonium, Fusarium*); bem distintos de filamentos vegetativos suportados por conidióforos dispersos no talo vegetativo; bem distintos de filamentos vegetativos suportados por conidióforos em grupo (Tabuc, 2007).

A presença de estruturas protectoras resultantes da reprodução assexuada ou sexuada e a presença de clamidósporos constituem outro elemento de identificação microscópica (Tabuc, 2007).

6. 2. identificação genética

A identificação de espécies fúngicas, tradicionalmente baseada em características culturais e morfológicas macroscópicas e microscópicas, requer geralmente vários dias de cultura (normalmente 7 a 10 dias). A cultura em meios específicos pode ser necessária para obter a formação de conídios e, em alguns casos, a ausência de aparecimento de conídios impossibilita a identificação do micélio. Consequentemente, muitos estudos têm como objetivo desenvolver métodos de ferramentas de identificação baseados no estudo de ácidos nucleicos (ADN e ARN) e que já não requerem necessariamente um exame morfológico (Peterson, 2006).

Os métodos mais interessantes baseiam-se na amplificação por PCR (reação em cadeia da polimerase) de regiões específicas, como o gene que codifica a subunidade ribossómica 18S (região D1-D2) e as regiões dos espaçadores transcritos internos 1 e 2 (ITS1 e ITS2) (Hinrikson *et al.*, 2005).

As sondas de oligonucleótidos dirigidas à região ITS2 do ADN ribossómico de *Aspergillus flavus, A. fumigatus, A. nidulans, A. niger, A. terreus, A. ustus* e *A. versicolor* permitiu a diferenciação de 41 isolados e não produziu reacções falsas positivas com 33 espécies de *Acremonium, Exophiala, Candida, Fusarium, Mucor, Paecilomyces, Penicillium, Rhizopus* ou outras espécies de *Aspergillus* (De Aguire *et al*, 2004). Este método é também utilizado para diferenciar e identificar bolores responsáveis pela deterioração dos alimentos, principalmente espécies de *Penicillium* (Hageskal *et al.*, 2006).

Capítulo 03
Compostos polifenólicos

1. Informações gerais sobre os polifenóis

O termo polifënol foi ële introduzido em 1980, substituindo o antigo termo tanino vëgëtal e tem ëlë dë definido como segue: compostos fënólicos solúveis em água, com peso molecular entre 500 e 3000 Dalton e que possuem, para além das propriedadesëtës habituais dos fënóis, a capacidade^ de precipitar alcaloi'des e дё^-йис (Cowan, 1999).

São metabolitos secundários das plantas (Garcia-Salas *et al.*, 2010) ëlaborës pela via do chiquimato e caracterizam-seërisës pela presença de um anel aromático portador de grupos hidroxilo livres ou engagedës com um hidrato de carbono (Charpentier e Boizot, 2006).

Estes fitonutrientes são responsáveis pela pigmentação (cor das folhas, dos frutos e das flores) (Serrano *et al.*, 2010) e desempenham também um papel no crescimento, reprodução e proteção das plantas contra agentes patogénicos (Drewnoski *et al.*, 2000; Zem e Fernandez, 2005).

$_6$Subdividem-se ainda em fenóis simples (C : hidroquinona), ácidos fenólicos (C6-C4: ácido *p-hidroxibenzóico*), cumarinas (C3-C6: ácido *p-cumárico*), naftoquinonas (C6-C4 : $_{636}$juglone), stillrenoids (C6-C2-C6: trans- resvëratrol), flavonoides (C - C -C : kaempfërol), isoflavonoides (daidzëine), e em antocianinas (delphinidol). Os polimërisëes são os lignanos e os taninos condensados (Garcia-Salas *et al.*, 2010).

2. Principais classes de compostos fenólicos

Os autores afirmam que vários milhares de polifënóis já foram identificados e que várias centenas estão presentes nas partes comestíveis dos alimentos (Tabela 05). As catëgorias mais comuns de polifënóis são os ácidos fënólicos, estilbenos, lignanas e flavonóides (Charles e Benbrook, 2005). Eles formam o maior grupo de composições fitoquímicas em plantas (Beta *et al.*, 2005).

2.1 Ácidos fenólicos (C6-C1 ou c6-c3)

Estão contidos numa série de plantas agrícolas e medicinais (Psotova *et al.*, 2003). Os ácidos fenólicos incluem o ácido caféico, o ácido vanílico, o ácido fúngico e o ácido gálico (Hale, 2003). São considerados fitoquímicos com efeitos antioxidantes, quelantes e anti-inflamatórios. A sua toxicidade é baixa e são geralmente considerados não tóxicos (Psotova *et al.*, 2003).

2. 2. Lignanos (c6-c3)2

As sementes de linhaça são uma importante fonte alimentar de lignanos, embora estes compostos também se encontrem em menores quantidades em vários outros cereais, leguminosas e vegetais (Charles e Benbrook, 2005).

2. 3 Estilbenos (c6-c2-c6)

Encontram-se apenas em pequenas quantidades na dieta humana. O resveratrol é o polifenol mais frequentemente estudado nesta categoria (Manach *et al.*, 2004).

2. 4 Flavonoides (c6-c3-c6)

A maioria dos flavonóides tem uma estrutura química semelhante: dois anéis aromáticos ligados por três átomos de carbono para formar um composto heterocíclico de oxigénio. Os flavonóides dividem-se em seis subcategorias: flavonóis, flavonas, isoflavonas, flavanóis (catequinas e proantocianidinas), flavanonas e antocianidinas (Charles e Benbrook, 2005).

Tabela 05. Classificação das famílias de composës fënólicos (Garcia-Salas *et al.*, 2010).

Número de carbono	Classe	Estrutura química	Fontes

C6	Phënols simples	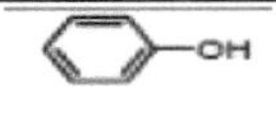	Cereais, alperces, bananas, couve-flor
	Benzoquinonas		
C6-C1	Ácido benzoico	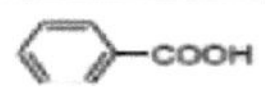	
C6-C2	Acëtophënones		
	Ácido fenilacético	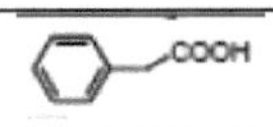	
C6-C3	Ácido cinâmico	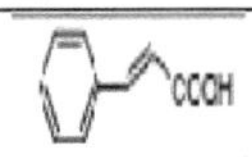	Cenoura, tomate, cereais, beringela
	Cumarinas	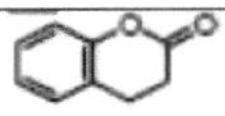	Cenoura, aipo, limão, salsa
C6-C4	Naftoquinonas	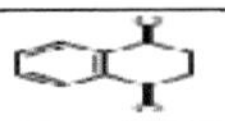	Damasco
C6-C1-C6	Xantonas	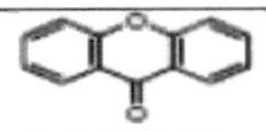	Manga
C6-C2-C6	Estilbenos	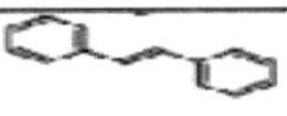	Uva
	Antraquinonas		
C6-C3-C6	Flavonóides	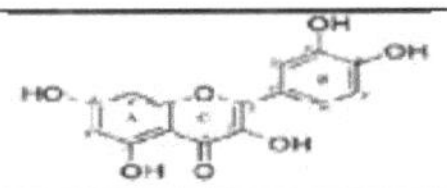	Amplamente distribuído
(C6-C3)₂	Lignanas	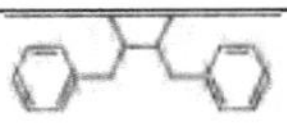	Centeio, trigo
(C6-C1) ₙ	Taninos hidrolisáveis	Polimereheterogéneo composto por ácidos fenólicos e açúcares simples	Romã, framboesa
(C6-C3) ₙ	Ligninas	Polimerearomático fortemente reticulado	

3. Actividades biológicas dos polifenóis

Os polifënóis constituem uma grande classe química. Apresentam uma extrema variëtë de estruturas e actividades biológicas (Queiroz-Monici *et al.*, 2005).

3.1 Atividade antioxidante

Os estudos sobre polifenóis estão atualmente em plena expansão. Muitos destes estudos foram realizados com o objetivo de informar os consumidores e as autoridades públicas sobre os benefícios dos frutos e legumes ricos em polifenóis, antioxidantes naturais com elevado potencial antioxidante (Bouayed *et al.*, 2007).

A capacidade antioxidante é o principal papel fisiológico atribuído aos polifënóis (Navarro *et al.*, 2008). Halliwell e Gutteridge (1995) definem um antioxidante como "uma substância que, em baixa concentração em relação à de um substrato oxidante, retarda ou inibe significativamente a sua oxidação". A ação antioxidante de um composto fenólico pode resultar de uma combinação de eventos químicos, incluindo a inibição enzimática, a quelação de metais ou a doação de hidrogénio e a oxidação a um radical estável (Parr e Bolwell, 2000).

A capacidade antioxidante pode ser avaliada como o potencial para reter radicais livres, medindo diretamente a inibição de radicais quando o composto antioxidante é adicionado. Os testes de avaliação utilizam o 2,2-difenil-1-picrilhidrazil (DPPH), um radical colorido estável, ou o ácido 2,2'-azino-bis-(3-etilbenztiazina-6-sulfónico) (ABTS), cujo radical colorido pode ser gerado por reação enzimática (Rice-Evans *et al.*, 1995). A descoloração do radical após a adição do antioxidante é então medida (Parr e Bolwell, 2000).

3.2 Atividade antimicrobiana

Os polifenóis são os principais compostos antimicrobianos das plantas, com diversos modos de ação e actividades inibitórias e inibidoras contra uma vasta gama de microrganismos procarióticos e eucarióticos (bactérias e fungos) (Cowan, 1999).

O mecanismo subjacente aos efeitos antimicrobianos dos polifenóis é, sem dúvida, muito complexo (Hadi, 2004). O quadro 06 apresenta algumas das hipóteses avançadas por Cowan (1999).

Tabela 06. Modos de ação antimicrobiana de alguns polifenóis (Cowan, 1999).

Diferentes compostos fenólicos	Exemplos	Mecanismo
Fenóis simples	Catecol	Privação de substrato.
	Epicatequina	Interrupção da função da membrana.
Ácidos fenólicos	Ácido cinâmico	Destruição da parede celular e
Quinones	Hipericina	desativação de enzimas.
Taninos	Elagitanino	Ligação a proteínas.
		Inibição enzimática.
		Privação de substrato.
		Complexo com a parede celular.
		Interrupção da função da membrana.
		Complexos com iões metálicos.
Cumarinas	Varfarina	Interação com o ADN eucariótico (atividade antiviral).

3. 2. 1 Atividade antibacteriana

Entre os polifenóis antibacterianos, os flavonóides bloqueiam a síntese dos ácidos nucleicos *da Escherichia coli*. Inibem as várias funções da membrana citoplasmática, reduzindo a fluidez das camadas interna e externa. Estes compostos têm atividade bactericida e bacteriostática, perturbando o metabolismo energético (Jones *et al.*, 1994).

3. 2. 2 Atividade antifúngica

A maioria dos polifenóis tem uma atividade antifúngica muito poderosa. Orturno (2005) demonstrou a atividade de glicosídeos de flavanona e polimetoxiflavonas de *Citrusparasidi* e *Citrus sinensis* sobre *Penicillium digitatum*. Além disso, os flavonóides de *Conyza aegyptica L.* têm uma ação fungicida e fungistática sobre vários agentes de micose: *Microsporum canis, M. gypseum, Trichophyton mentagrophytes, Candida zeylanoides* (Batawita, 2002).

O quadro 07 enumera algumas das propriedades atribuídas aos polifenóis.

Tabela 07. Atividades biológicas de alguns compostos polifénólicos.

Polifenóis	Actividades	Autores
Ácidos fenólicos (cinâmico e	Antibacteriano	(Cowan, 1999).

benzoico)	Antifúngico	(Lattanzio *et al.*, 2001)
	Antioxidante	(Bouayed *et al.*, 2007).
Proantocianidinas	Antifúngico	(Bahorun *et al.*, 1996).
	Antioxidante	(Brownlee *et al.*, 1992).
Taninos gálicos e catequicos	Antioxidante	(Macheix *et al.*, 2005).
		(Macheix *et al.*, 2005).

4. Factores de variabilidade do teor de polifenóis

4.1 Efeito dos factores externos

O metabolismo fenólico é particularmente sensível à ação de factores externos como a luz, a temperatura, os microrganismos patogénicos e os tratamentos humanos (Dinelli *et al.*, 2006).

4. 1. 1. luz

A importância da luz (espetro visível mas também UV contido na radiação solar) na acumulação de antocianinas é resumida pela intervenção de dois parateŭc3: por um lado a intensidade do fluxo luminoso e por outro a natureza das radiações constituintes. Actua diretamente, através do intermëdiáric das radações azul e vermelha e do pigmento vegetal fitocromo, na ativação do promotor dcs genes ĉa fenilalanina amónia liase (*PAL*), o que resulta na transcrição de mRNAs e depo.s na formação da proteína enzimática (enzima do metabolismo) (Hahlbrock *et al.*, 1995).

4. 1. 2. Temperatura

A temperatura é também um fator de regulação da expressão do metabolismo fenólico, frequentemente em interação com a luz. Assim, uma redução da temperatura associada a um tratamento luminoso adequado induz frequentemente uma acumulação de antocianinas. Também neste caso, a regulação pode ser efectuada ao nível da própria *PAL*, com a criação de inibidores da enzima sob o efeito de temperaturas elevadas. As perturbações do metabolismo fenólico podem, por vezes, ocorrer como resultado de

tratamento pelo frio dos órgãos vëgëtais, levando ao escurecimento (Rhodes *et al.,* 1981).

4. 1. 3 Microrganismos patogénicos

A contaminação do vëgëtal por microrganismos patogénicos leva também a um aumento acentuado dos níveis de compostos fënólicos, correspondendo ao desenvolvimento de mecanismos de defesa das plantas (Dixon e Paiva, 1995).

4. 1. 4 Tratamentos aplicados pelo homem

Certos tratamentos (aplicação de fertilizantes, irradiação, etc.) podem modular o teor de compostos fenólicos da planta, quer durante c crescimento, quer durante a conservação dos órgãos vegetais. As consëquências são frequentemente previsíveis porque a resposta pode variar muito de uma espécie para outra e de acordo com as doses aplicadas e a duração dos tratamentos. Também ocorrem alterações profundas no equipamento fenólico quando os órgãos vegetais são submetidos a processos tecnológicos destinados a transformá-los (branqueamento, cozedura, etc.) (Macheix *et al.*, 2005).

4.2 Fase fisiológica

O teor de compostos fenólicos dos órgãos vegetais também varia consoante o estádio fisiológico. Com exceção das antocianinas, a concentração de compostos fenólicos diminui durante o crescimento e a maturação. Cada grupo de compostos fenólicos pode evoluir durante o crescimento de acordo com a sua própria cinética, levando a proporções variáveis dos diferentes compostos consoante o estádio fisiológico atingido (Macheix *et al.*, 2005).

4.3 Efeito da espécie e da variedade

A expressão do metabolismo fenólico na planta é a tradução do património genético específico de cada espécie. A natureza e o teor dos compostos fenólicos acumulados são, portanto, antes de mais, uma caraterística da espécie vegetal em causa. De facto, é possível caraterizar as diferentes variedades de espécies através de uma verdadeira impressão digital fenólica que pode ser utilizada para a certificação de novas variedades obtidas por hibridação. Estas mesmas abordagens podem ser utilizadas para detetar certas fraudes nos produtos agro-alimentares (Fleuriet e Macheix, 2003).

Dentro de uma mesma espécie vegetal, existem também diferenças importantes entre as diversas variedades ou cultivares, por vezes maiores do que entre as próprias espécies. O exemplo do feijão seco é já significativo em termos de antocianinas: algumas variedades (feijão vermelho) são muito ricas em antocianinas no momento da maturação, enquanto outras (feijão branco) são completamente desprovidas de antocianinas (Leighton *et al.*, 1992).

5. Compostos polifenólicos em grãos de feijão secos

[-1]Os legumes secos são ricos em compostos fenólicos totais, com teores que variam de 300 mg a 17 g.kg (Fleuriet e Macheit, 2003). No caso do feijão seco, a cor do grão é determinada pela presença de compostos polifenólicos, localizados principalmente na casca (11% do peso do grão) com quantidades baixas ou insignificantes nos cotilédones (Gonzalez de Mejia *et al*,.1999). Os principais compostos polifenólicos são os flavonóides, como os glicosídeos de flavonol, as antocianinas e os taninos condensados (proantocianidinas), que constituem o grupo mais amplamente distribuído no feijão (Aparicio *et al.*, 2005), principalmente na casca, com um teor de 9,4 a 37,8 mg de equivalente de catequina/g (Beninger e Hosfield, 2003). Em geral, os componentes flavonóides apresentam diferenças distintas. O feijão preto contém principalmente os *3O-glicosídeos* delfinidina, petunidina e malvidina, ao passo que o feijão vermelho contém kaempferol e os seus derivados 3O-glicosídeos. O feijão vermelho claro contém vestígios de *3O-glucósido de* quercetina e dos seus malonatos, mas o feijão rosa e o vermelho escuro contêm os diglicosídeos de quercetina e de kaempferol. O feijão vermelho contém *3O-glucósido de* kaempferol e *3O-glucósido de* pelargonidina, ao passo que não foram detectados flavonóides no feijão alubia, no arando, no feijão do norte e no feijão flageolet (Figura 03) (Lin *et al.*, 2008).

De acordo com os trabalhos de Luthria e Pastor-Corrales (2006); Granito *et al.* (2007), o teor de ácidos fenólicos totais extraídos por HPLC foi de 31,2 mg/100 g, sendo o ácido ferúlico o ácido fenólico mais abundante, seguido do ácido *p-cumárico* e do ácido sinápico, extraídos das amostras de feijão analisadas.

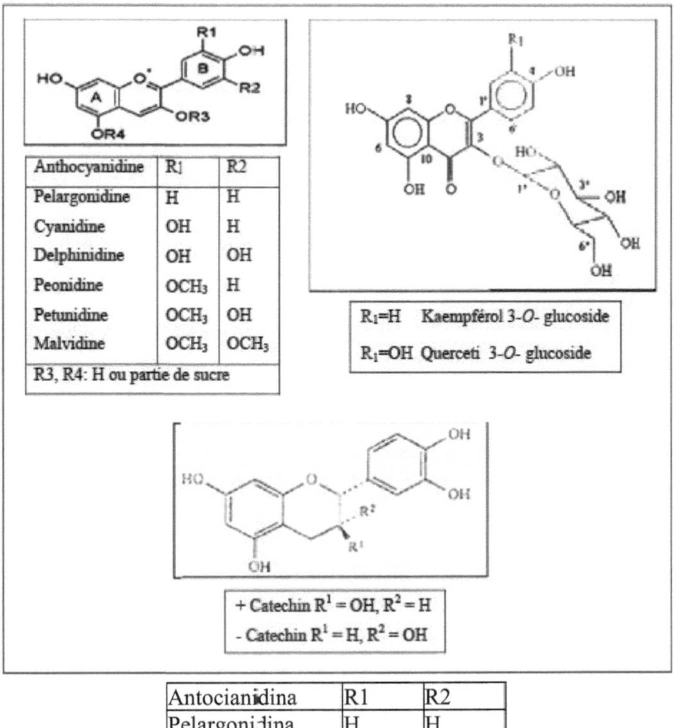

Antocianidina	R1	R2
Pelargonidina	H	H
Cianidina	OH	H
Delfinidina	OH	OH
Peonidina	OCH3	H
Petunidina	OCH3	OH
Malvidina	OCH3	OCH3
R3, R4: H ou parte de açúcar		

R1=H 3-O-glucósido de Kaempferol

R1=OH Querceti 3-O-glucósido

^{2}+ Catequina R1 = OH, R = H

\- Catequina R1 = H, R2 = OH

Figura 03. Estrutura química de alguns compostos polifenólicos presentes no feijão comum (Reynoso *et al.*, 2006).

6. Extração, caraterização e doseamento de compostos fenólicos

6. 1. extração

O processo de extração é sistematicamente realizado com um solvente orgânico polar, como o etanol, o ácido acético ou o metanol (Ross *et al.*, 2009).

6. 1.1 Extração de fenóis simples

A maioria dos fSnóis simples pode ser facilmente extraída com misturas de mShanol/água (80/20, v/v). Como são facilmente oxidados, recomenda-se trabalhar a uma temperatura de 0 a 4°C e assegurar a proteção através da adição de um agente redutor (ácido ascórbico ou bissulfito de mëta de sódio) ao meio de extração, o que também permite evitar a hidrólise dos frágeis hërosídeos fenólicos durante a extração. Após a ëliminação do álcool por ëvaporação no vácuo, é necessário purificar o extrato global assim obtido, primeiro eliminando a clorofila e os pigmentos carotenóides (extração com éter de petróleo), depois extraindo os compostos fenólicos com um solvente de polaridade intermédia, como o acetato de etilo. A maior parte dos fenóis encontra-se então neste solvente, que é fácil de remover sob vácuo para finalmente transferir a fração fenólica corretamente purificada para o metanol (Macheix *et al.*, 2005).

6. 1. 2. Extração das antocianinas e dos flavonóides apolares

Os pigmentos de antocianina são extraídos com uma mistura de metanol/HCl. Em contrapartida, certos flavonóides apolares têm de ser extraídos com solventes mais apolares, como o clorofórmio ou o hexano (Macheix *et al.*, 2005).

6. 1. 3 Extração de formas condensadas

As formas condensadas dos compostos fenólicos colocam igualmente problemas de extração. Embora os taninos possam ser corretamente extraídos com misturas acetona/água, o mesmo não acontece com os fenóis insolubilizados nas paredes pecto-celulósicas e na cutina ou suberina. Nestes casos, pode recorrer-se à hidrólise química ou enzimática das paredes celulares para libertar os compostos fenólicos antes de os analisar e dosear. Em casos extremos, como a lenhina, a extração só é possível após degradação oxidativa (por exemplo, por peróxido de hidrogénio), que conduz à despolimerização e à solubilização progressiva (Macheix *et al.*, 2005).

6. 2. Dosagem global

Não existe um método que permita medir de forma satisfatória e simultânea todos os compostos fenólicos presentes num extrato vegetal. No entanto, é possível obter uma estimativa rápida do teor total de fenóis por diversos métodos, nomeadamente utilizando uma mistura de fosfomolibdato e fosfotungstato comercializada sob a designação de reagente de Folin Ciocalteu (Harborne, 1989). Este método é muito sensível e permite obter uma boa aproximação do teor de fenóis do extrato, que é depois expresso em relação a um composto de referência (por exemplo, o ácido gálico) (Macheix *et al.*, 2005).

6. 3. **Caracterização e determinação dos compostos fenólicos por espetrofotometria**

A espectrofotomëtria é um método quantitativo e qualitativo sensível, e permite analisar ëchantIIIons a baixas concentrações. Os espectros são cmracterísticos das moléculas, e fornecem informações sobre a espinha dorsal molecular e as diferentes substituições (Madi, 2010).

6. 4. Separações cromatográficas em papel, películas finas e colunas

Antes da introdução da cromatografia líquida de alta eficiência, tinham também sido desenvolvidas preparações cromatográficas em papel, em camada fina e em coluna para a separação de compostos fenólicos (Van Sumer, 1989).

6. 4.1 Separação cromatográfica em papel

Esta técnica baseia-se no princípio da partição de produtos. É constituída por uma fase estacionária, o papel, e uma fase móvel, o solvente, que transporta as moléculas separadas a diferentes velocidades e distâncias, em função do seu grau de afinidade com as duas fases. É geralmente utilizada para a separação e purificação de produtos em pequenas quantidades (Madi, 2010).

6. 4.2 Separação por cromatografia em camada fina

Este método baseia-se na separação dos diferentes constituintes de um extrato em função da sua força de migração na fase móvel (Ekoumou, 2003; Debete, 2005), que é geralmente uma mistura de solventes adaptada ao tipo de separação necessária e à sua afinidade com a fase estacionária, que pode ser uma poliamida ou um gel de sílica. Isto permite identificar o teor polifenólico do extrato (Ferrari, 2002).

6. 4.3 Separação cromatográfica em coluna

Esta técnica baseia-se no fenómeno de adsorção, cujas moléculas são transportadas para baixo da coluna a velocidades variáveis, dependendo da sua afinidade pelo adsorvente e da sua solubilidade no eluente; os produtos apolares são eluídos primeiro (Madi, 2010).

6. 5 Separações por cromatografia líquida de alta eficiência e eletroforese capilar

6. 5. 1 Separação por cromatografia líquida de alta eficiência

A cromatografia líquida de alta eficiência (HPLC) é, de longe, a técnica mais eficaz e mais utilizada para a separação e determinação de compostos fenólicos (Wulf e Nagel, 1978; Moller e Herrmann, 1982). Requer apenas uma pequena quantidade de amostra vegetal e permite combinar a análise qualitativa e quantitativa de um extrato fenólico complexo numa única operação, rápida e reprodutível, o que tornou possível o estudo de uma grande variedade de materiais vegetais (Macheix *et al.*, 1990; Pietta *et al.*, 2003).

6. 5. 2 Separação por eletroforese capilar

Paralelamente à HPLC, uma outra técnica de separação de alto rendimento para os compostos fenólicos é a eletroforese capilar (CE), desenvolvida para este tipo de moléculas e cuja sensibilidade é cerca de 10 vezes superior à da HPLC. Conduz a separações diferentes das obtidas por HPLC e tem boas aplicações na separação dos numerosos glicosídeos flavonóides (Markham e Bloor, 1998). Para além da qualidade das separações obtidas, uma das grandes vantagens da separação de polifenóis por HPLC ou EC é a possível automatização das análises, que pode ser combinada com a deteção e o doseamento por UV de cada um dos compostos e com a espetrometria de massa, que fornece informações sobre a sua estrutura química (Swinny e Markham, 2003).

6.6 Determinação da estrutura dos compostos fenólicos por métodos físico-químicos

Os diferentes tipos de hidrólise fornecem, desde há muito, informações preciosas sobre as ligações químicas entre as diferentes moléculas que formam um composto fenólico nativo, nomeadamente entre a aglicona e a parte hidrato de carbono (Markham e Bloor, 1998). No entanto, estas abordagens são muito insuficientes para elucidar a estrutura fina destes compostos, razão pela qual se recorre às técnicas físico-químicas tradicionalmente utilizadas pelos químicos (espetrometria de massa, ressonância magnética nuclear, espetrometria Raman, etc.) (Macheix *et al.*, 2005).

A espetrometria de massa pode ser utilizada para provar a identidade de compostos fenólicos previamente separados por HPLC ou EC, fornecendo informações sobre a sua massa molecular e os principais grupos químicos presentes, graças à fragmentação da molécula (Kuhnie, 2003). A técnica de ressonância magnética nuclear (RMN) é um instrumento poderoso para a determinação de estruturas fenólicas novas e desconhecidas, tendo sido descritos numerosos exemplos de várias classes, nomeadamente os flavonóides (Swinny e Markham, 2003).

Capítulo 04

Materiais e métodos

1. Material vegetal

1.1. Apresentação de variedades de feijão seco

Este estudo centrou-se em duas variëtës de feijão seco. A primeira variëtë *"MGT djedida"* é uma variedade local caracterizada por uma cor vermelha escura, tamanho médio e textura macia. A segunda variedade *"Tima"* é uma variedade importada, caracterizada por uma cor branca, tamanho pequeno e bulbosa (Anexo 01).

A variedade local *"MGTdjedida"* foi-nos fornecida pelo C.C.L.S. de El Khroub, wilaya de Constantine, tendo sido colhida em julho de 2010 e armazenada em sacos de papel à temperatura ambiente. A variedade *"Tima"* foi importada de França e adquirida num ponto de venda de legumes secos destinados ao consumo humano na wilaya de Jijel. Foi armazenada em sacos de plástico perfurados de 25 kg, à temperatura ambiente. A escolha destas duas variedades baseou-se na diferença de cor do grão, na sua origem e na sua genética.

1. 2. Seleção de grãos

Para cada variedade de feijão seco, foi efectuada uma separação preliminar em dois lotes. Um lote de feijões considerados sãos (GS) e outro de feijões considerados contaminados (GC). Esta separação foi efectuada com base num certo número de critérios morfológicos, tais como :

❖   uma alteração da cor do tegumento (invólucro exterior);

❖   uma alteração do aspeto do grão (enrugamento do grão);

❖   a alteração da forma do grão;

❖   a presença de cicatrizes ou feridas no grão, etc. (Botton *et al.*, 1990).

2. Métodos

Para evitar resultados tendenciosos, todos os testes foram repetidos três vezes.

2.1. Medição do teor de humidade do feijão seco

O teor de humidade da farinha de feijão inteiro seco é determinado por secagem em estufa a uma temperatura de 110°C de uma amostra de teste de 05g até um peso constante e é expresso como uma percentagem (François, 2004):

$$H (\%) = (M1 - M2)/ M1 \times 100$$

Com :

H (%): Teor de humidade expresso em percentagem.

M1: Peso da amostra, em gramas, antes da secagem.

M2: Peso da amostra, em gramas, após secagem.

2.2 Pesquisa e identificação de bolores

2. 2. 1 Isolamento

Para o isolamento dos bolores, utilizámos o método ulster ou direto. Este método é o preferido por vários autores, nomeadamente Nguyen (2007), para a deteção e o isolamento de micélios dos grãos. Com este método, o desenvolvimento dos bolores é estimulado pela incubação direta dos grãos num meio de cultura de ágar batata-dextrose (PDA) (apêndice 02) (Botton *et al.*, 1990).

Para determinar a contaminação fúngica profunda e a contaminação superficial dos grãos, depois de classificar os grãos em dois lotes, "sãos e contaminados", desinfectámos a superfície de uma amostra de cada lote com etanol a 95% (Guiraud, 2003).

Em placas de Petri contendo o meio PDA, 08 grãos de cada lote (desinfectados GS e GC e não desinfectados à superfície das duas variedades) são colocados por placa, de modo a ficarem suficientemente espaçados. Estas caixas são hermeticamente fechadas com parafilme e incubadas a 30°C durante três a quatro dias, a fim de favorecer o desenvolvimento de bolores contaminantes nos grãos (Dehimat, 1990).

2. 2.2 Purificação

Os bolores são purificados através da remoção de uma hifa terminal após cultura numa placa de Petri em meio fresco (PDA). A estirpe é inoculada no centro da placa. A amostra é colhida quando a estirpe se tiver desenvolvido suficientemente (Guiraud, 2003).

3. 2. 3. Identificação

É relativamente fácil identificar o género, mas é muito mais difícil determinar a espécie com certeza (Guiraud, 2003). A identificação dos géneros tem sido baseada em características culturais (macroscópicas) e morfológicas (microscópicas) (Botton *et al.*, 1990).

2. 2.3.1 Estudo das características das culturas

As características culturais foram essencialmente estudadas em meio cónico PDA em caixas pëlrl e inoculadas por toque. O exame macroscópico consiste na observação binocular ou a olho nu das características culturais das colónias (Smith, 2002).

As características culturais assim estudadas são :

* taxa de crescimento ;
* a cor das colónias ;
* a textura do talo ;
* a presença ou ausência de exsudações ;
* a cor e a mudança de cor do ambiente.

2. 2. 3. 2 Estudo das características microscópicas

A observação *in situ da* morfologia das cadeias de esporos e do micélio foi efectuada utilizando a técnica de montagem sem coloração. As preparações microscópicas são efectuadas no estado fresco num meio líquido entre uma lâmina e uma lamela. A manipulação consiste em colocar um pequeno fragmento de micélio sobre uma lâmina limpa entre dois bicos de Bunsen na presença de uma gota de líquido de montagem (Lactophënol de AMANN) (Anexo 02) e dilaceá-lo cuidadosamente com duas agulhas para evitar a realização de uma separação demasiado densa e inobservável (Botton *et al.*, 1990), cobrindo-a depois cuidadosamente com uma lâmina, tendo o cuidado de não criar bolhas de ar ou transbordar.

2.2.4 Conservação das estirpes

As estirpes isoladas são armazenadas em tubos em caixas inclinadas (PDA). Após a subcultura, as culturas são mantidas durante uma semana a 30°C e depois armazenadas a 4°C para promover a viabilidade e limitar a possibilidade de variação (Bouchet *et al.*, 1999).

2.3 Avaliação do teor de polifenóis totais nos grãos

2. 3. 1 Amostragem

Os grãos inteiros das duas variedades de feijão seco são moídos com um moinho automático para obter farinha e extrair melhor os polifenóis.

2. 3. 2 Extração de polifenóis totais

A extração de polifënóis totais de variëtës secas de feijão (variëtë branca: ëchantLLlon saudável e ëchantLLlon contanina, variëtë vermelha: ëchantLLlon saudável e ëchantLLlon contanina) é realizada de acordo com o protocolo proposto por Luthria e Pastor-Corrales (2006) e modificado por Mujica *et al.* (2009).

1 g de farinha de cada amostra é solubilizada em 25 ml de metanol a 80% (metanol-água destilada 80:20; v/v) acidificado com HCl 2N a 0,1%. A mistura é deixada durante 2 horas à temperatura ambiente e depois centrifugada a 1800 g durante 15 minutos. O resíduo é extraído com 25 ml de metanol a 80% e centrifugado novamente. No final, os sobrenadantes são combinados e o extrato seco é recuperado após evaporação a seco (Figura 04).

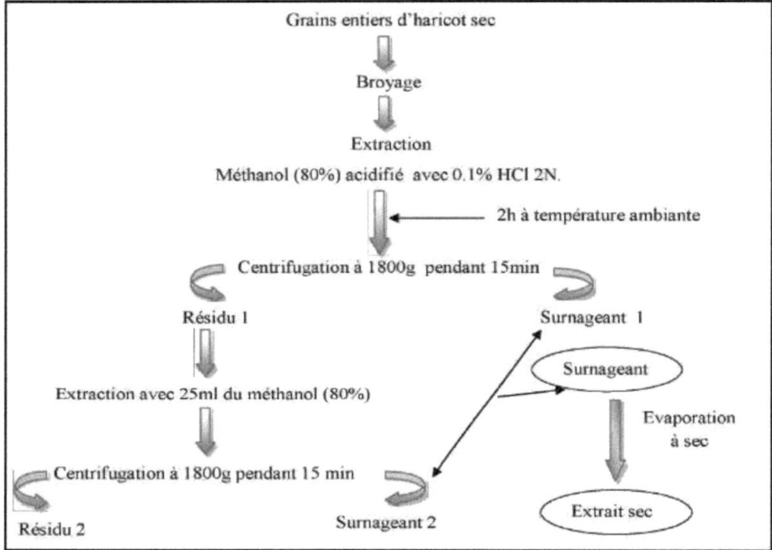

Figura 04. Rëcapitulação das etapas de ëextração para polifënóis totais.

2. 3.3 Determinação dos polifenóis totais

A quantificação dos polifenóis totais é baseada na reação de Folin-Ciocalteu. Este método é escolhido pelas seguintes razões:

❖ Trata-se de um método bem normalizado que satisfaz os critérios de exequibilidade e reprodutibilidade;

❖ a disponibilidade do reagente de Folin;

❖ o longo comprimento de onda de absorção do cromóforo (760 nm) minimiza a interferência com a matriz da amostra, que é frequentemente colorida (Huang *et al.*, 2005).

2. 3. 3. 1 Princípio

Todos os compostos fenólicos são oxidados pelo reagente de Folin-Ciocalteu. Este reagente é constituído por uma mistura de ácido fosfotúngstico ($H_3PW_{12}O_{40}$) e de ácido fosfomolíbdico ($H_3PMo_{12}O_{40}$), que se reduz, aquando da oxidação dos fenóis, a uma mistura de óxidos azuis de tungsténio (W_8O_{23}) e de molibdénio (Mo_8O_{23}) (Ribereau-Gayon, 1968).

A absorção é proporcional à quantidade de polifenóis presentes nos extractos vëgëtais (Charpentier e Boizot, 2006).

2. 3. 3. 2. Protocolo

De acordo com Singleton *et al* (1999), o protocolo de ensaio para polifënóis totais consiste em adicionar 250 pl de reagente de Folin diluído com água destilada (50% v/v) a 100 pl de extractos polifënólicos obtidos por dissolução de 0,02 g de extractos secos em 1 ml de mëtanol. Depois de 5 min de incubação a 25°C, 250 pl de 20% (p/v) de carbonato de sódio (Na_2CO_3) são adicionados aos tubos e a mistura é completada até 2000 pl com água destilada. A absorvância é lida a 760 nm após 60 minutos. O branco é preparado para cada amostra enchendo os nossos extractos polifenólicos com metanol a 80% (Figura 05).

A concentração de polifenóis totais é calculada a partir da equação de regressão da curva de calibração estabelecida com ácido gálico (0,03-0,50 mg/ml) com base em testes preliminares e é expressa em mg de equivalente de ácido gálico por grama de extrato (mg GAE/g de extrato):

$$T = c \cdot v / m$$

Com :

T: teor de polifcnóis totais (mg de equivalente de ácido gálico/g de extrato de grão). c: concentração de equivalente de ácido gálico (mg/ml).

v: volume do extrato (ml).

m: massa do extrato de grãos (g) (Madi, 2010).

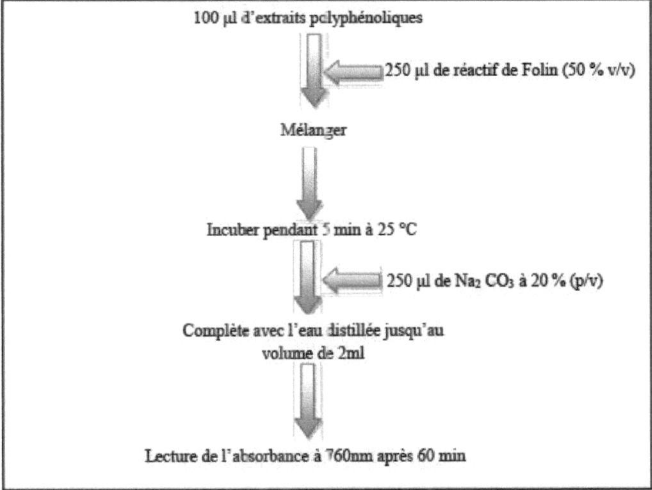

Figura 05. Resumo das etapas do ensaio de polifenóis totais.

2. 4. Testar o poder antifúngico dos extractos polifenólicos

3. 4.1 Escolha do solvente para a recuperação dos extractos polifenólicos

Se os extractos polifénólicos forem sujeitos a bioensaios, a toxicidade do solvente de recuperação pode ser alvo de críticas, uma vez que mesmo quantidades vestigiais do solvente não devem interferir com o processo biológico (Yrjonen, 2004). Por este motivo, optámos pelo dimetilsulfóxido (DMSO), que é o solvente preferido pela maioria dos autores, incluindo Alavi *et al.* (2005), Mohammedi (2006) e Ownagh *et al.* (2010), que demonstraram que o DMSO não tem propriedades antifúngicas potentes.

4. 4.2 Teste antifúngico

A atividade antifúngica dos extractos polifenólicos foi testada em seis estirpes. Uma estirpe, escolhida aleatoriamente de cada género, foi testada *in vitro* pelo método de contacto direto, em meio de gelose "PDA" para determinar as taxas de inibição, comparando a sua ação em várias concentrações sobre o crescimento micelial (Hussin *et al.*, 2009) e para estimar a IA 100 (1'índice antifúngico 100), e em meio líquido, caldo de dextrose de batata "PDB" para determinar a concentração inibitória mínima (CIM), a concentração fungicida (CF) e a concentração fungistática (FCS) (Derwich *et al.*, 2010).

5. 4. 2. 1 Método de contacto direto

a) Determinação da taxa de inibição

***Preparação de diluições de extractos polifenólicos de feijão seco**

Com base em testes anteriores, foi preparada uma gama de soluções com concentrações que variam entre 18,75 mg/ml e 300 mg/ml, como se segue:

-3g de cada extrato polifenólico seco são introduzidos num tubo contendo 10 ml de DMSO (300mg/ml);

-5 ml do extrato solúvel são então introduzidos noutro tubo contendo 05 ml de DMSO (150 mg/ml);

-Proceder da mesma forma para obter 75 - 37,5 e 18,75 mg/ml (Figura 06).

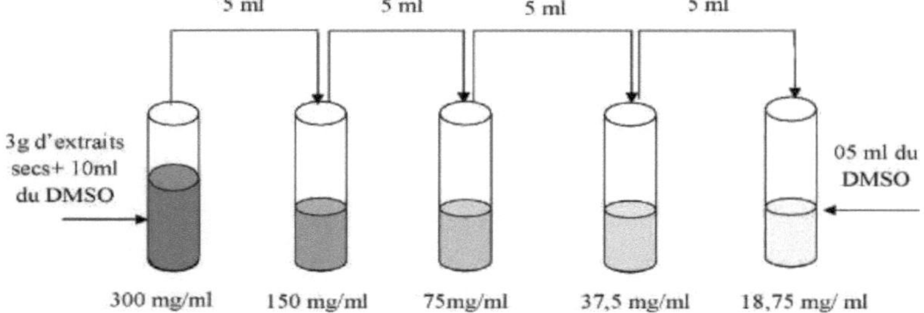

Figura 06. Preparação de diluições de extractos polifenólicos.

***Semeadura**

Um ml de cada extrato polifênico, para cada concentração, é adicionado a tubos contendo 19 ml de meio PDA estéril ainda líquido. A mistura é homogeneizada e levada a 45°C (Subrahmanyam *et al.*, 2001). De seguida, é vertida imeditamente em caixas de p'tri de 90 mm (20ml/caixa) (Satish *et al.*, 2010). Após a solidificação do g'lose, as placas de pëlH são particionadas em seis partes (corresponde ao número de estirpes a testar) e inoculadas com um disco de тусёН^, com 6 mm de diamëtre retirado da cultura jovem de micëte. PDA sem extrato foi utilizado como tëmoin para cada estirpe (Mishra e Dubey, 1994; Khallil, 2001).

As concentrações finais dos extractos polifenólicos utilizados foram calculadas a partir da seguinte equação:

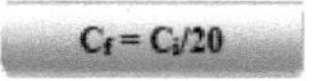
$$C_f = C_i/20$$

Com :

C_f: concentração final de 1 extrato polifuncional em 1 ml de PDA;

c_i: concentração inicial do extrato polifênico solubilisë em DMSO (Mohammedi, 2006).

***Incubação**

As estirpes são incubadas durante 2 dias para *Rhizopus sp.*, 4 dias para *Alternaria sp.* e *Moniliella sp.*, 7 dias para *Aspergillus sp.*, *Penicillium sp.* e *Fusarium sp.*, a uma temperatura de 30°C (Mohammedi, 2006).

***Expressão dos resultados**

A percentagem de inibição de crescimento тусёНеппе, em comparação com a tëmoin, a ёlё calcular pela seguinte fórmula:

$$PI(\%) = (A - B)/A \times 100$$

Ou :

PI(%): Taxa de inibição expressa em percentagem;

A: Diamëtre de colónias em placas "tëmess-positivas";

B: Diamëtre de colónias em pratos contendo extrato de 1 grão (Bajpai *et al.*, 2010).

O extrato polifenólico é dito:

❖ Muito ativo quando tem uma inibição entre 75 e 100%; a estirpe do fungo é considerada muito sensível;

❖ Ativo quando possëde uma inibição entre 50 e 74%; a estirpe do fungo é considerada sensível;

❖ Moderadamente ativa quando tem uma inibição entre 25 e 49%; diz-se que a estirpe é limitada;

❖ Pouco ativa ou não ativa quando apresenta uma inibição entre 0 e 24%; diz-se que a estirpe é pouco sensível ou resistente (Alcamo, 1984).

b) Determinação do índice antifúngico (IA_{100})

$_{100}$A concentração que inibe 100% o crescimento tycëHenne é expntëe pelo IA . $_{100}$Os valores de IA foram calculados graficamente, onde, 1 abcissa é representada pela concentração de 1 extrato polifënólico e i'ordon^e pela percentagem de inibição do crescimento do bolor (Chang *et al.*, 2008).

2. 4. 2. 2 Método da diluição do líquido

Esta técnica envolve duas etapas, a primeira das quais determina as concentrações inibitórias mínimas (CIM) e a segunda determina as concentrações fungicidas (CF) e fungistáticas (CFS).

a) Determinação das concentrações inibitórias mínimas (CIM)

O meio PDB foi primeiro preparado e esterilizado, sendo depois armazenado em frascos de 250 ml.

***Preparação de suspensões de estirpes de fungos**

Após a esporulação das estirpes fúngicas seleccionadas (semeadas em 20 ml de PDA em placas pël:r1), os esporos das culturas jovens são rëcupërëes por adição de 10 ml de água destilada estéril sob agitação vigorosa (Solis-Pereira *et al.*, 1993). [6]Posteriormente, a absorvância (leitura a um comprimento de onda de 625 rm) da suspensão fúngica é avaliada; esta avaliação é efectuada com o objetivo de padronizar a suspensão de esporos a 10 esporos/ml (Hossain *et al.*, 2008). [6]Estima-se que uma absorvância entre 0,08 e 0,1 corresponde a uma concentração de 10 esporos/ml (Braga *et al.*, 2007).

***Preparação de diluições de extractos polifenólicos**

Os extractos polifenólicos dos grãos da variedade branca sã (PHBS), da variedade branca contaminada (PHBC), da variedade vermelha sã (PHRS) e da variedade vermelha contaminada (PHRC), solubilizados em DMSO, são adicionados ao APO na proporção de 1 ml para 9 ml, de modo a obter uma concentração de 30 mg/ml. O APO é então diluído sucessivamente para dar diluições de 15 - 7,5 - 3,75 - 1,875 mg/ml. Estas concentrações foram ële escolhidas após testes preliminares.

***Semeadura**

Uma suspensão de esporos de 10 pl das estirpes de fungos a testar foi inoculada em tubos de ensaio contendo meio PDB em diferentes concentrações; estes tubos foram incubados durante 2 a 7 dias a 30°C. Paralelamente, um tubo contendo o meio PDB foi inoculado apenas com a suspensão de esporos de fungos; servirá de controlo.

***Leitura e expressão de resultados**

As concentrações mínimas para as quais não foi observado crescimento são definidas como concentrações inibitórias mínimas (Bajpai *et al.*, 2008).

b)   Determinação das concentrações fungicidas (CF) e fungistáticas (CFS)

Para os tubos em que não se observa crescimento, a experiência é continuada em placas de Petri. Cada placa contendo 20ml de PDA estéril é inoculada com 10ul de cada tubo mostrando inibição total do crescimento fúngico. O crescimento foi monitorizado durante 1 a 4 dias a uma temperatura de 30°C. Quando não há retomada do crescimento, as concentrações são ditas fungicidas (CFs) (Zarrin *et al.*, 2010) e as concentrações para as quais há crescimento são ditas fungistáticas (CFSs) (Bajpai et *al.*, 2010).

2. 5. Tratamento estatístico

As médias mais ou menos os desvios-padrão dos ensaios e as representações gráficas foram produzidas utilizando o Excel 2007.

Os resultados obtidos foram processados por duas análises independentes utilizando o software XLSTAT (2008). A primeira análise é uma análise de variância (ANOVA) para determinar a significância das diferenças (o limiar de significância é <0,05). A segunda análise consiste em mostrar as correlações entre as variáveis estudadas (teor de humidade, taxa de contaminação e teor de polifenóis totais) ao nível de significância <0,05.

Capítulo 05

Resultados e discussão

1. Teor de humidade das amostras de feijão seco

As revelações de cПшппшШе variam entre 11,47% e 12,50%. Equivalem a 11,47±0,15%, 12,50±0,05%, 11,60±0,05% e 12,00±0,30% respetivamente para a variedade vermelha sã (HRS), a variedade vermelha contaminada (HRC), a variedade branca sã (HBS) e a variedade branca contaminada (HBC) (Figura 07).

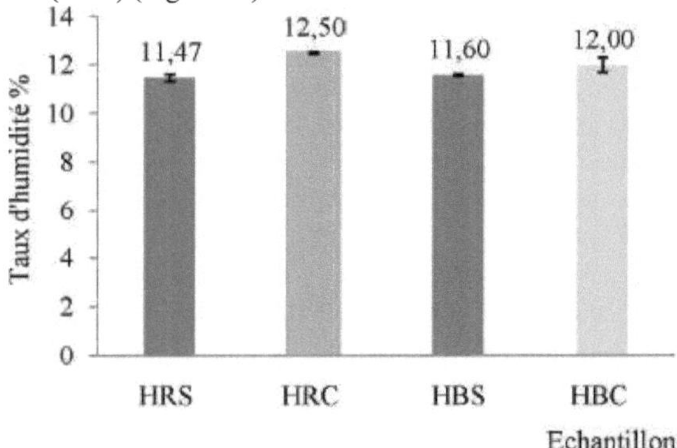

Figura 07. Teor de humidade das amostras de feijão seco.

De um modo geral, a análise de variância (ANOVA) indicou uma diferença significativa *(p<0,05)* entre as duas variedades (branca e vermelha). Em termos de amostragem, não foi encontrada diferença significativa (p<0,05) entre o lote saudável e o lote contaminado para a variedade branca, mas foi significativa para a variedade vermelha (Tabela 08).

Tabela 08: Análise de diferença utilizando o teste de Tukey entre as amostras de feijão seco para o teor de umidade ($p < 0,05$).

Amostras	Média estimada		
	Amostra saudável (HS)	Amostra contaminada (HC)	Variedade média
Variedade vermelha	11,47±0,15[c]	12,50±0,05[a]	11,98±0,10
Variedade branca	11,60±0,05[b]	12,00±0,30[b]	11,80±0,17

A mesma letra significa que não há diferença significativa

Os feijões secos são géneros alimentícios suscetíveis de serem contaminados por bolores antes da colheita, no campo, durante a secagem ou durante a armazenagem. Enquanto numerosos estudos estão disponíveis sobre a contaminação micotóxica de grãos, investigações sobre a contaminação fúngica dessas matérias-primas são mais raras. De uma forma дёпёгак, eles ёvidence uma relação entre a flora fúngica e a taxa de huniidk de grãos durante o armazenamento (Tabuc, 2007).

Os bolores são tanto mais formidáveis quanto toleram níveis muito baixos de cПшппшШё. Um nível de humidade acima do valor crítico impede a adesão de fungos aos grãos. De acordo com Pitt e Miscamble (1995), um teor de 10-15% de dulina favorece o desenvolvimento de bolores de armazenamento, sendo os mais comuns o *Aspergillus* e o *Penicillium*. De acordo com

Multon (1982), o grau de humidade necessário durante a armazenagem dos grãos não deve exceder 11% para evitar estas alterações.

De acordo com os resultados obtidos, as amostras de feijão seco analisadas continham água suficiente para provocar o crescimento de bolores. No entanto, estes resultados parecem ser diferentes dos encontrados por Laib (2009), onde os níveis de humidade rëyëкз ëwere superiores a 15%. Esta diferença parece-nos bastante normal, uma vez que a humidade dos grãos depende de vários factores, incluindo a variedade, a geografia, o período de colheita, a temperatura de armazenamento, etc.

Gostaríamos de salientar que, para as nossas variedades, para além da sua origem, são ignorados vários factores, nomeadamente as condições de colheita, as condições de armazenamento e o tempo de armazenamento. Por exemplo, os ataques de vários agentes patogénicos, incluindo os bolores, aumentam se os grãos forem armazenados durante muito tempo (Cruz e Diop, 1989).

2. Isolamento e enumeração de bolores

Das duas variedades de feijão seco, 43 estirpes foram reveladas pelo método direto e estão distribuídas da seguinte forma:

❖ Três estirpes da amostra superficialmente desinfectada da variedade vermelha saudável. Estas estirpes são codificadas como: HRSD1, HRSD2, HRSD3.

❖ Cinco estirpes da amostra não infetada da variedade vermelha saudável. Estas estirpes estão codificadas como: HRS1, HRS2, HRS3, HRS4 e HRS5.

❖ Cinco estirpes da amostra superficialmente desinfectada da variedade vermelha contaminada. Estas estirpes estão codificadas como: HRCD1, HRCD2, HRCD3, HRCD4, HRCD5.

❖ Sete estirpes da amostra não desinfectada da variëtë vermelha contaminada. Estas estirpes são codificadas: HRC1, HRC2, HRC3, HRC4, HRC5, HRC6, HRC7.

❖ Três estirpes da amostra superficialmente desinfectada da variedade branca sã. Estas estirpes são codificadas como: HBSD1, HBSD2 e HBSD3.

❖ Sete estirpes da amostra não desinfectada da variedade branca saudável. Estas estirpes estão codificadas como: HBS1, HBS2, HBS3, HBS4, HBS5, HBS6, HBS7.

❖ Três estirpes da amostra superficialmente desinfectada da variedade branca contaminada. Estas estirpes são codificadas como: HBCD1, HBCD2, HBCD3.

❖ Dez estirpes da amostra não desinfectada da variedade branca contaminada. Estas estirpes estão codificadas como: HBC1, HBC2, HBC3, HBC4, HBC5, HBC6, HBC7, HBC8, HBC9, HBC10.

3. Taxa de contaminação das amostras de feijão seco

3. 1. Taxa de contaminação da variedade vermelha

Verificou-se que os feijões da variedade de feijão vermelho seco estavam contaminados com 20 das 43 estirpes isoladas, o que corresponde a uma taxa de contaminação de 46,51% (quadro 09).

Quadro 09: Taxa de contaminação da variedade vermelha de feijão seco.

Amostras	Códigos	Taxa de contaminação (%)	Total (%)
saudável desinfectado	HRSD	6,97	18,60
sã, não desinfectada	HRS	11,63	
contamina desinfecta	HRCD	11,63	27,91
contaminado não	CDH	16,28	

desinfectado		

a) **Variedade vermelha saudável**

Apesar do aspeto saudável dos grãos da variedade vermelha analisada, a sua taxa de contaminação foi relativamente elevada (18,60%). A densidade de estirpes fúngicas no lote saudável e não desinfectado (11,63%) foi superior à do lote saudável e desinfectado (6,97%), o que significa que 4,66% da contaminação foi verdadeiramente superficial e 6,97% foi profunda.

b) **Variedade vermelha contaminada**

A taxa de contaminação do feijão vermelho seco supostamente contaminado (27,91%) foi mais ëкyë do que a do feijão supostamente saudável (18,60%). A desinfeção da superfície reduziu a taxa de contaminação em 4,65%.

3. 2. Taxa de contaminação da variedade branca

Os grãos da variëtë branca foram rëyëкз contaminados por 23 estirpes de 43 isótopos, o que corresponde a uma taxa de contaminação de 53.49% (quadro 10).

Tabela 10. Taxas de contaminação da variëtë branca de feijão seco.

Amostras	Códigos	Taxa de contaminação (%)	Total (%)
saudável dësinfectë	HBSD	6,98	23,26
saudável não dësinfectë	HBS	16,28	
contamiiK' dësinfectë	HBCD	6,98	30,23
contamiiK' não dësinfectë	HBC	23,25	

a) **Variedade branca saudável**

Os grãos da variëtë branca, supostamente sã, estavam contaminados em 23,26%. A desinfeção da superfície deste lote parece reduzir a contaminação para 6,98%, o que significa que 9,30% eram bolores localisëes na superfície dos grãos.

b) **Variedade branca contaminada**

Os grãos das variëtës brancas supostamente contamiires revelaram-se 30,23% ak'rcs, dos quais 6,98% das estirpes têm localisëes de profundidade.

Os bolores são microrganismos hëtërotróficos pouco exigentes, necessitando apenas de um fornecimento de carbono e azoto para o seu crescimento (Abdel Massih, 2007). O feijão seco, com o seu elevado teor de amido e proteínas, é um meio adequado para fornecer ao bolor os nutrientes necessários para o seu crescimento (Kassemi, 2006). A parede rígida da célula fúngica impede-a de fagocitar os nutrientes complexos do feijão; o bolor é obrigado a transformá-los primeiro em módulos simples e absorvíveis. Isto é possível graças às dëpolymërases. Sob a sua ação, os polymëers complexos, como o amido, são transformados em moléculas simples (Tabuc, 2007), o que poderia explicar a elevada densidade de dëtectëe fúngica.

Apesar do aspeto saudável dos grãos, estes estão rëyëlëз contaminados. Esta contaminação é devida à carga inicial de esporos (Tahani *et al.* 2008) que, após a incubação, encontram um ambiente favorável para a germinação e formação de micélio. A baixa densidade fúngica nas sementes pode ser explicada pelo efeito fungicida e fungistático do etanol (o desinfetante utilizado) (Guiraud, 2003). Este último não tem efeito sobre as chamadas cepas internas ou profundas dos grãos.

A taxa de contaminação da variedade branca é mais elevada do que a da variedade vermelha. A variedade branca, exposta ao mercado sem embalagem adequada, está exposta a um ambiente quente e húmido, o que favorece o desenvolvimento de bolores (Nguyen, 2007). Embora as duas variedades não partilhem as mesmas condições de colheita e armazenamento, a variedade vermelha parece ser mais resistente à infestação por fungos. Em termos de composição química, a variedade branca tem a vantagem de conter níveis mais elevados de proteínas e hidratos de carbono do que a variedade vermelha (Kassemi, 2006). Vários autores, nomeadamente Abdel Massih (2007), mostraram uma correlação positiva entre a infestação por fungos e a riqueza do grão nestes dois elementos. Do mesmo modo, a variedade vermelha contém mais compostos fenólicos, daí a sua cor (Beninger e Hosfield, 2003), que são conhecidos por serem resistentes ao ataque de agentes patogénicos (Cherif *et al.*, 2007). Os compostos polifenólicos constituem um método de controlo muito adequado em termos económicos.

Perante os danos causados pela infestação fúngica das culturas de feijão seco, a investigação tem incentivado a procura de variedades resistentes ou a introdução de genes de resistência de duas espécies dadoras *Phaseolus coccineus* L. e *Phaseolus polyanthus* Greenm, filosoficamente as mais próximas de *Phaseolus vulgaris, o que* favorece a criação de cruzamentos interespecíficos, em que estas duas espécies são utilizadas como progenitores maternos para favorecer a introgressão de genes úteis destes dois taxa (Baudoin *et al.*, 2004).

4. Identificação do género

A identificação dos géneros de fungos foi essencialmente realizada utilizando as chaves de determinação de Botton *et al.* (1990), Chabasse *et al.* (2002) e Guiraud (2003).

4. 1. Estudo macroscópico

As principais características macroscópicas das diferentes estirpes de fungos isoladas de variedades vermelhas e brancas de feijão seco estão reunidas nos Quadros 11, 12, 13 e 14. Estas tabelas resumem: o aspeto do тусёНит, o crescimento, a área de superfície e a consistência das colónias, a cor do verso da placa, a presença ou ausência de exsudação e pigmentos característicos de cada estirpe.

4. 2. Estudo microscópico

O estudo microscópico envolveu a observação das estruturas características de 43 estirpes de fungos isoladas (Tabela 15).

As estirpes veneradas pertencem a seis géneros de bolores. Estes géneros são : *Alternaria, Aspergillus, Fusarium, Moniliella, Penicillium* e *Rhizopus*. Quatro destes géneros já foram identificados e citados por Laib (2009) em feijões secos expostos ao mercado local na região de Skikda. Os outros dois géneros, *Fusarium* e *Moniliella*, só foram encontrados na variedade importada. Este facto pode provavelmente ser explicado pelas más condições em que os tegumes secos são expostos ao mercado, geralmente sem embalagem adëquat. Este método de venda é praticamente idêntico no Adriático oriental.

Outros estudos sobre a flora fúngica de leguminosas mostraram que os micetes de armazenamento de feijão (*Phaseolus vulgaris*) na Índia incluíam os géneros *Alternaria, Aspergillus, Cladosporium, Colletotrichum, Fusarium, Penicillium, Rhizoctonia, Stemphylium* e *Trichoderma* (Sud *et al.*, 2005). Espécies pertencentes aos géneros *Penicillium* e *Eurotium* eram comuns no feijão taiwanês, mas no feijão canadiano, os micetes mais comuns eram *Alternaria, Fusarium* e *Rhizoctonia* (Tseng *et al.*, 1995).

Quadro 11. Características macroscópicas das estirpes isóIdeas de variedades sãs de feijão vermelho.

Código das estirpes revelado	Micélio aéreo	Verso da colónia	Aspeto da colónia	Superfície	Exsudaçã c	Pigmentaçã o	Cresciment o	Algumas fotos do micélio aéreo
HRS1 HRS2	Rosa violeta	Riscas de creme	Downer	Em forma de cúpula no centro, depois plana e assim por diante	Ausência	Ausência	Lento e irregular	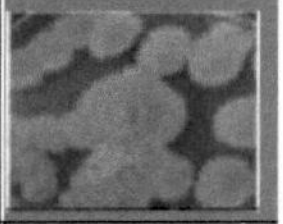
HRS3 HRS4 HRS 5	Verde azeitona com pontas brancas	Verde e depois preto, estriado, com extremidades claras	Downer	Plano, abobadado, depois plano	Presença	Ausência	Não muito rápido	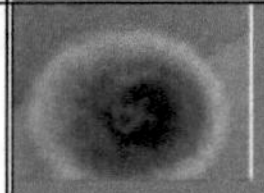
HRSD1 HRSD2	Verde azeitona com pontas brancas	Verde e depois preto, estriado, com extremidades claras	Downer	Em forma de cúpula no centro, depois plana	Presença	Ausência	Não muito rápido	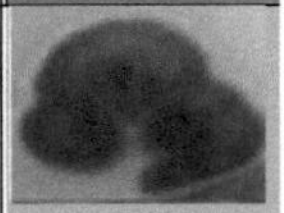
HRSD3	Rosa violeta com pontas brancas	Riscas de creme	Downer	Em forma de cúpula no centro, depois plana e assim por diante	Presença	Ausência	Lento e irregular	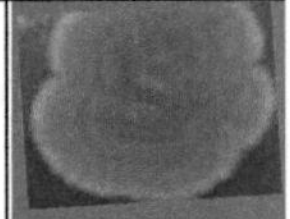

Tabela 12. Características macroscópicas das estirpes isóIdeas de varido vermelho contaminadas com feijão seco.

Código das estirpes revelado	Micélio aéreo	Verso da colónia	Aspeto da colónia	Superfície	Exsudação	Pigmentação	Crescimento	Algumas fotos do micélio aéreo
HRC1 HRC2	Branco no início, depois torna-se castanho	Creme	Cotton y e invasivo	Adere à tampa da caixa	Ausência	Ausência	Rápido	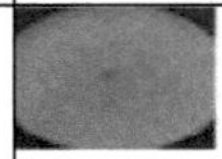
HRC3 HRC4 HRC5 HRCD1 HRCD2	Rosa violeta com pontas brancas	Riscas de creme	Downer	Em forma de cúpula no centro, depois plana e assim por diante	Ausência	Ausência	Lento, irregular	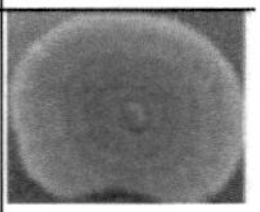
HRC6 HRCD3	Verde azeitona com pontas brancas	Verde e depois preto, com extremidades claras	Downer	Prato	Presença	Ausência	Não muito rápido	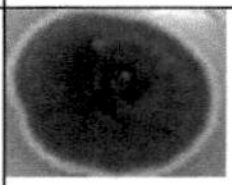
HRC7	Verde azeitona com centro branco e extremidades brancas	Verde e depois preto, com estrias claras no centro e nas extremidades	Downer	Em forma de cúpula, depois plana	Presença	Ausência	Não muito rápido	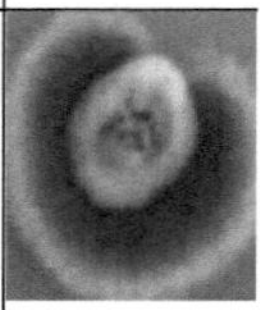
HRCD4	Rosa violeta com pontas brancas	Creme	Downer	Em forma de cúpula no centro, depois plana e assim por diante	Presença	Ausência	Lento, irregular	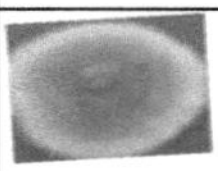
HRCD5	Verde	Amarelo com pontas verdes	Downer	Em forma de cúpula	Ausência	Ausência	Lento, irregular	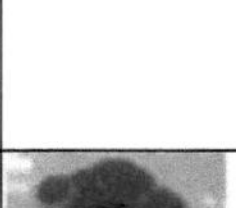

1y 1

				no centro. depois plana				

Tabela 13. Características macroscópicas das estirpes isóIdeas de feijão branco seco saudável varidtd.

Código das estirpes revelado	Micélio aéreo	Verso da colónia	Aspeto da colónia	Superfície	Exsudação	Pigmentação	Crescimento	Algumas fotos do micélio aéreo
HBSD1	Rosa com pontas brancas	Riscas de creme	Downer	Forma de cúpula, depois plana e assim por diante	Ausência	Ausência	Lento e irregular	
HBSD2	Rosa violeta	Creme	Downer	Forma de cúpula, depois plana e assim por diante	Presença	Ausência	Lento e irregular	
HBS1	Branco no início, depois torna-se castanho	Creme	Cottony e invasivo	Aderir à tampa da placa de Petri	Ausência	Ausência	Rápido	
HBS2	Castanho e depois rosa pálido	Rose tende para a matrona	Downer	Plano, liso	Ausência	Ausência	Lento	
HBS3 HBS4 HBS5	Rosa	Creme	Downer	Em forma de cúpula no centrc, depois plana	Ausência	Ausência	Lento e irregular	
HBS6	Branco	Amarelo claro	Creme de leite	Prato	Ausência	Ausência	Não muito lento e homogéneo	
HBS7 HBSD3	Branco rosa degradado	A Orange foi despromovida	Verme da lã	Prato	Presença	Presença	Não muito rápido	

Tabela 14. Características macroscópicas das estirpes isoladas da variedade branca contaminada de feijão seco.

Código das estirpes revelado	Micélio aéreo	Verso da colónia	Aspeto da colónia	Superfície	Exsudação	Pigmentação	Crescimento	Algumas fotos do micélio aéreo
HBC1	Rosa violeta aurose cinzento	Estrias de cor creme	Downer	Em forma de cúpula no centro, depois plana e assim por diante	Presença	Ausência	Lento e irregular	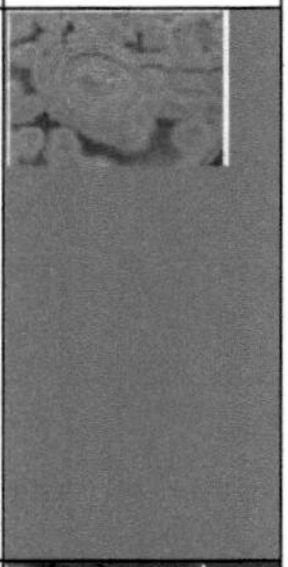
HBC2, HBCD1.	O verde da garrafa torna-se preto	Verde-amarelo	Pulverulento, granular	Prato	Ausência	Ausência	Rápido e consistente	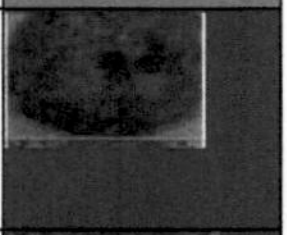
HBC3o	Cor desvanecida: verde pistácio escuro no centro e claro nos bordos	Amarelo claro	Pulverulento, granular	Prato	Ausência	Ausência	Lento	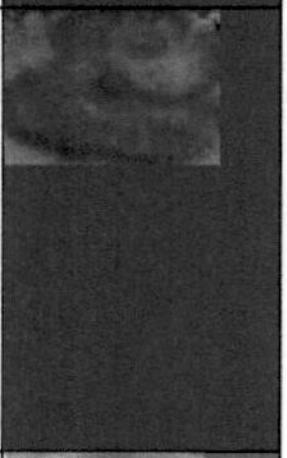
HBC4	Verde militar	Creme	Downer	Prato	Ausência	Ausência	Lento e irregular	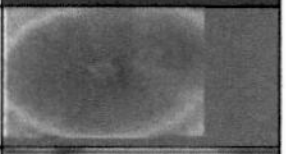
HBC5 HBC6 HBC7 HBC8 HBC9 HBC10	Rosa violeta com pontas brancas	Riscas de creme	Downer	Em forma de cúpula no centro, depois plana e assim por diante	Ausência	Ausência	Lento e irregular	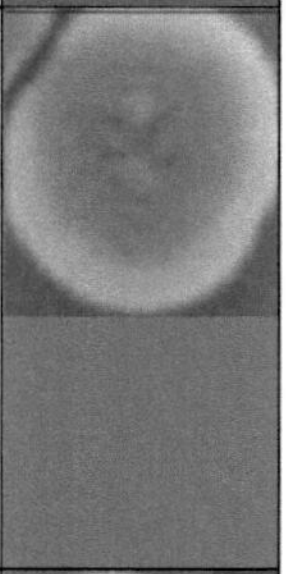
HBCD2 HBCD3	Rosa violeta com pontas brancas	Riscas de creme	Downer	Em forma de cúpula no centro, depois plana	Presença	Ausência	Lento e irregular	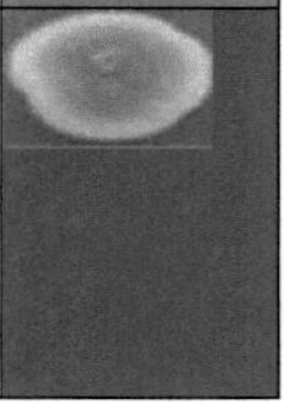

Quadro 15. Características microscópicas de estirpes isolde de varidtds de feijão branco e vermelho seco.

t:ode des touches rfviJie?	ESTUDOS MECÂNICOS	1 [leuliliealio u dn género	Quehi пея екепцйе" d^beervwtioD mkroseoplquc (s40)	
t HBS3, HKS4 HRS5, HRC6, HRC7, HRCDB , i[Rsm. HRS DI	Conidióforo septc. preto, acroissancc simpodial;, -Conidia pluriCBIhilaires en cha'ines brunes irregiilieres; SouWilt en fomie de mas sue. c lot sonnets longitudinalcmtntettransvcrsalcmtnt.	AllenKtriu		Conidióforo a ero Usance sympod laic ---- Conídico
IIBC2. HBC3, HBCDt	' ihaillc a myedium cloisonne portant de nombreux conidiophores dresses, non rami fids, temiints cnvdsiculcs; -Phiaiidcs farmees dircctement sur la vdsiculeon sur des nittuies; -Teles conidiennes imtScri&ii on bis^rieest 'Masse con idle nnc radiant. conidics cnchaincs nniccl hilaires.	Я sperfitllNS		Vdsicnk: x I'hialides e inetuies
HBS6, |[[1S7. HBSD3	-I'hialides plus au moins allongees produisant des mac roton idles courbees. plitrisepiees et poinlnes au\ deUK e\irem lies.	Ftaarium		Macroeonídeo s
HBS2	-Mycdllum cloisonne, fragmentc em arthospores ; -Hifas estendidas por uma cadeie de conídios ; 'Conidics uniccllhlaircs cn chape lets rantifidcs sur im conidiophore	Kiondieli a		Arcosporo
HRS1				Pdnicilk

43

HRS2. IIRSIJ3, HRC3, HRC4> HRC5, IIRCDI, HRCD2, IIRCIH HRCD5, IIBSDL 1 HiSI32_, IIBS3 IIBS4. IIBS5 IIBC1. IIRC4, HBC5, IIBC6. HBC7, HBC8, HBC9, IIBC10, HBCD2, HBCD3	Micélio cloisonne L 'Conidióforos Isolds, ramifids. temiinds par un penicillc j 'Pdnicilllc const ituc de phial ides brane hccs dircctenicnt a Tcxtrcnutc du conidiophore,	*Urna Penicil*	
HRC1, IIRC2, HBS1	* [Иal1e acroLssance fast ; Esporosistóforos geralmente grandes, termo Ines em forma de funil, Isolds ou bouquet tie 2-6 apresentando na base lie rhl/o'ides.	*Rixopuf*	Rh izoKtes

5. Taxa de contaminação de amostras de feijão seco em função dos géneros de bolores isolados

5. 1. Taxa de contaminação fúngica da variedade de feijão vermelho seco

Os grãos da variedade vermelha de feijão seco foram contaminados por três tipos de bolores, nomeadamente *Alternaria, Penicillium* e *Rhizopus*.

5. 1. 1 Variedade vermelha saudável

Na variedade vermelha saudável, *Alternaria é o* género mais dominante com uma frequência de 62,5%, seguido de *Penicillium* com 37,5% (Figura 08).

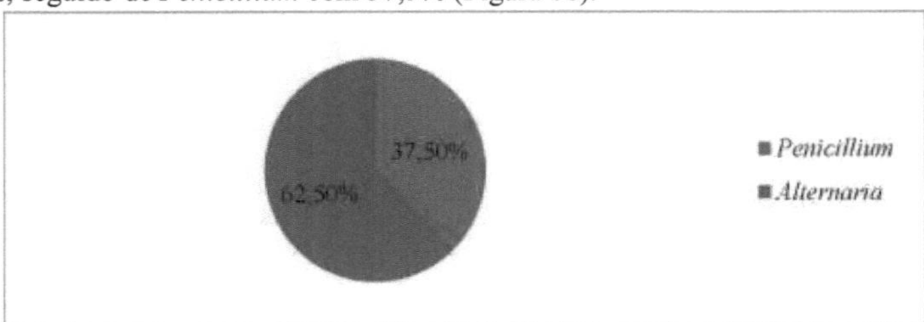

Figura 08. Taxa de contaminação fúngica da variedade vermelha sã de feijão seco.

5. 1. 2. Variedade vermelha contaminada

Para a variedade vermelha contaminada, o género dominante é *Penicillium* (58,33%), seguido de *Alternaria* (25%) e finalmente *Rhizopus* (16,67%) (Figura 09).

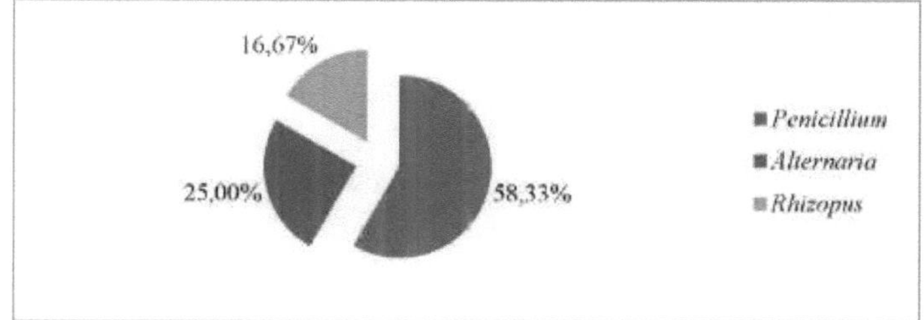

Figura 09. Taxa de contaminação fúngica da variedade vermelha contaminada de feijão seco.

O género dominante na variedade vermelha saudável de feijão seco é *Alternaria*. Christensen (1994) refere que este género pode ser encontrado na colheita; uma vez que a variedade vermelha é analisada apenas alguns meses após a colheita, este género pode efetivamente existir na colheita.

No que diz respeito ao género *Penicillium,* Botton *et al* (1990) salientaram que, durante o armazenamento, se desenvolve uma flora composta por fungos menos celulolíticos e mais osmofílicos. *Os Penicillium* proliferam principalmente em substratos com uma humidade bastante baixa (10 a 15%) (Pitt e Miscamble, 1995), o que explica a presença deste género na amostra de feijão seco com uma humicade de 11,47%.

Segundo Botton *et al* (1990), à medida que o género *Penicillium* se expande, elimina progressivamente os fungos pouco celulolíticos e não osmófilos, pertencentes principalmente aos fungos do campo.

5.2 Taxa de contaminação fúngica da variedade branca de feijão seco

Verificou-se que os grãos da variedade branca de feijão seco estavam contaminados pelos géneros *Aspergillus, Fusarium, Moniliella, Penicillium* e *Rhizopus*.

5. 2. 1 Variedade branca saudável

Na variedade branca saudável, o género *Penicillium* é o mais dominante com uma frequência de 50%, seguido do género *Fusarium* (30%), *Rhizopus* e *Moniliella* com frequências semelhantes de 10% (Figura 10).

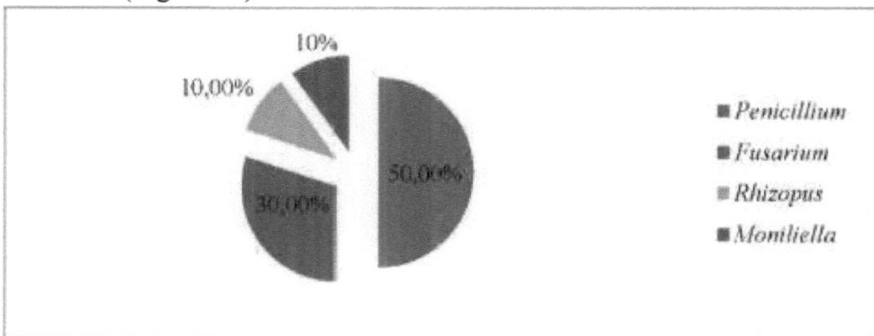

Figure 10. Taux de contamination fongique de la variété blanche saine d'haricot sec.

Os géneros *Penicillium, Fusarium* e *Rhizopus foram responsáveis por* 50%, 30% e 10% da contaminação, respetivamente. O género *Moniliella,* apesar da raridade do seu isolamento

(Botton *et al.*, 1990), foi responsável por 10% da contaminação na amostra analisada.

Referindo-se a Abdel Massih (2007), apesar de apenas valores de humidade de 22 a 25% provocarem o desenvolvimento de *Fusarium,* foi observada uma taxa de contaminação não negligenciável equivalente a 30% na amostra analisada com uma humidade de apenas 11,60%.

5.   2. 2 Variedades brancas contaminadas

Para a variëtë branca contaminada, o género mais dominante é o *Penicillium* (76,92%), seguido do *Aspergillus* com uma frequência de 23,08% (Figura 11).

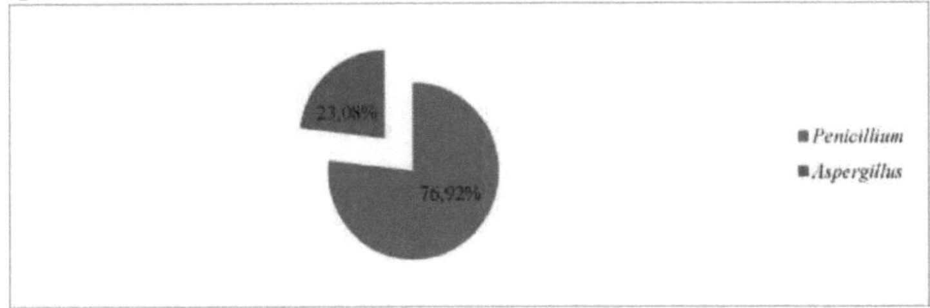

Figura 11. Taxa de contaminação fúngica da variedade branca contaminada de feijão seco.

De acordo com Bourgeois e Larpent (1996), o *Aspergillus* e o *Penicillium* são os hospedeiros habituais do feijão, que se desenvolvem geralmente durante uma armazenagem incorrecta. O feijão branco seco vendido sem embalagem adequada está exposto ao risco de insectos e pragas, que transmitem os esporos, e às flutuações de temperatura e humidade, factores que favorecem a multiplicação dos bolores.

O trabalho de Tahani *et al* (2008) indica que os grãos, separados devido a uma dúvida de contaminação e à presença de grãos partidos, mostram uma rápida evolução da sua contaminação por bolores xerotolerantes (*Aspergillus* e *Penicillium).* De acordo com Riba *et al* (2005), o crescimento de *Aspergillus* e *Penicillium* é favorecido pela falta de ventilação aliada a temperaturas elevadas. A presença de *Aspergillus* e *Penicillium* no feijão branco seco suspeito de estar contaminado pode dever-se à falta de ventilação após o empilhamento do feijão em sacos armazenados.

Os cinco géneros identificados nas amostras analisadas têm estirpes toxigénicas. A gama de efeitos nocivos das suas micotoxinas é muito vasta, desde cancerígenos, mutagénicos, necrotizantes, neurotóxicos, hepatotóxicos, hematotóxicos, etc. (Brochard e Le Bacle, 2009). Avaliação do teor de polifenóis totais

A curva de calibração obtida, tomando como padrão o ácido gálico em diferentes concentrações, apresentada na Figura 12, demonstra a resposta linear do detetor em função das diferentes concentrações. A escolha deste modelo de representação baseia-se na metodologia de vários autores, nomeadamente Mujica *et al* (2009).

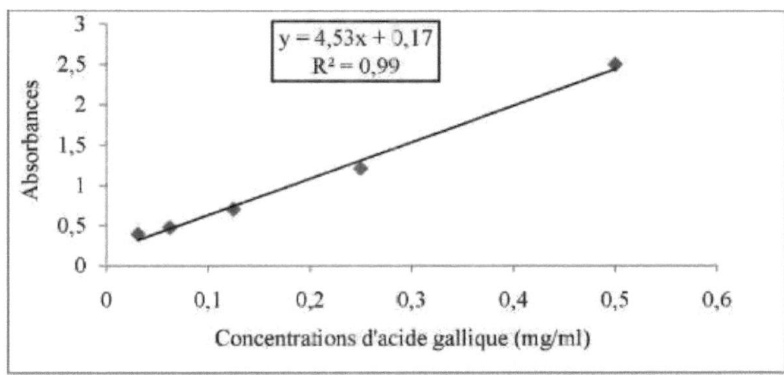

Figure 12. Courbe d'étalonnage d'acide gallique.

Com base nos valores de absorvância dos extractos polifenólicos (Apêndice 03), reagidos com o reagente Folin-Ciocalteu e comparados com a solução padrão de ácido gálico, os resultados da análise quantitativa dos compostos fenólicos totais são apresentados no Quadro 16.

Tabela 16. Teor de polifenóis totais dos extractos (mg EAG/g).

Amostras	Fenóis totais (mg EAG/g)	Média (mg EAG/g)
Feijão vermelho saudável (HRS)	0,42±0,007	0,40±0,005
Feijão-frade contaminado (HRC)	0,39±0,003	
Feijão branco saudável (HBS)	0,32±0,008	0,27±0,005
Feijão branco contaminado (HBC)	0,22±0,002	

Os resultados acima registados mostram que existe um efeito varietal, sendo a variedade vermelha mais rica em polifenóis totais (0,40±0,005 mg EAG/g) do que a variedade branca (0,27±0,005 mg EAG/g).

Para a variedade vermelha, a análise de variância (ANOVA) não mostrou diferença intra-varietal significativa $(p<0,05\%)$ na quantidade de polifenóis entre o lote saudável e o lote contaminado. Ao contrário, a variété branca apresentou uma diferença intra-varietal significativa entre os dois lotes $(p<0,05\%)$ (Tabela 17).

Tabela 17. Análise de diferença usando o teste de Tukey entre as amostras de feijão seco para o conteúdo de polifenóis totais $(p <0,05)$.

Amostras	Média estimada	
	Amostra saudável (HS)	Amostra contaminada (HC)
Variedade vermelha	0,42±0,007[a]	0,39±0,003[a]
Variedade branca	0.32±0,008[b]	0,22±0,002[C]
A mesma letra significa que não há diferença significativa		

Quanto à diferença varietal, a mesma constatação foi feita por Laparra *et al* (2008); Ying Tan *et al* (2008); Xu e Chang (2009), onde se verificou que o feijão seco de cor era mais rico em polifenóis do que o feijão seco branco. A cor do grão de feijão é determinada pela presença e concentração de glicosídeos de flavonol, antocianinas e taninos condensados (Reynoso *et al.*, 2006). O genótipo vermelho de feijão seco tem um teor mais elevado de antocianinas do que o genótipo branco. Esta diferença deve-se provavelmente às antocianinas, um grupo bem conhecido de corantes solúveis em água, que contribuem significativamente para a coloração do feijão (Horbowicz *et al.*, 2008).

Qualquer que seja a variedade, podemos ver claramente que as amostras saudáveis são mais ricas em polifenóis totais do que as amostras contaminadas. Parece que quanto maior for a quantidade de polifenóis presentes, menor será o nível de contaminação. Este facto indica a existência de uma correlação negativa entre o nível de contaminação e o teor de polifenóis totais nos grãos de feijão seco. Esta correlação foi referida por vários investigadores no domínio das substâncias bioactivas vegetais, incluindo Abad *et al* (2007), que atribuem esta propriedade aos flavonóides, como os glicosídeos de flavonol, a classe maioritária de compostos polifenólicos nos grãos de feijão seco.

No que diz respeito à bibliografia e com o objetivo de comparar os níveis de polifenóis totais obtidos com os citados na literatura, devem ser tidos em conta vários factores que podem influenciar o conteúdo polifenólico. Estes incluem factores climáticos e ambientais (Ebrahimi *et al.*, 2008), factores genéticos, factores experimentais (Miliauskas *et al.*, 2004) e diferenças nos métodos de extração, avaliação e expressão dos resultados entre autores (Lee *et al.*, 2003). Consequentemente, foi difícil comparar os nossos resultados com os da literatura. Por exemplo, Cardador *et al.*

(2002) encontraram um teor de 2,09 mg de equivalente de catequina/g. Em outra publicação, os mesmos autores relataram concentrações de compostos fěnólicos de 3,28 a 16,61 mg ěequivalente de catequina/g em seis cultivares de feijão seco (Oomah *et al.*, 2005). Recentemente, Mujica *et al.* (2009) encontraram um teor de 42,8 a 50,1 mg GAE/g, o que é muito elevado em comparação com os nossos resultados.

6. Correlações entre taxa de contaminação, humidade e teor de polifenóis totais

Os principais resultados obtidos na procura de possíveis correlações (quadro 18) indicam uma correlação positivamente significativa (r = 0,773) entre o teor de humidade e o nível de contaminação dos grãos, o que significa que quanto maior for o teor de humidade, maior será a percentagem de contaminação. Esta correlação pode ser explicada pelo facto de a maioria dos bolores preferir níveis de humidade elevados (Moreau, 1996), nomeadamente durante a fase de germinação, que requer uma maior entrada de água do que durante a fase de crescimento (Basset, 2009). Por outro lado, a taxa de contaminação foi negativa e significativamente correlacionada (r=-0,698) com o teor de polifěnol. Essa correlação inversa pode ser interpretada de duas formas: ou a alta porcentagem de contaminação leva a uma redução no teor de polifěnóis totais, ou é a presença de uma grande quantidade de polifěnóis totais que causa uma redução na taxa de contaminação dos grãos. De acordo com a literatura, esta correlação deve-se provavelmente aos efeitos fungicidas e fungistáticos dos polifenóis (Esekhiagbe *et al.*, 2009, Kawamura *et al.*, 2010).

Tabela 18. Matriz de correlação (*Pearson (n)*) entre as principais análises efectuadas nas amostras de feijão seco (com um nível de significância de 0,05).

Variáveis	Nível de humidade	Taxa de contaminação	Conteúdo em polifenóis
Nível de humidade	1	0,773*	-0,085
Taxa de contaminação		1	-0,698*

| Teor de polifenóis | | | 1 |

*: correlação significativa

7. Teste de poder antifúngico

8. 1. Taxa de inibição

As taxas de inibição (medidas percentuais) estão representadasësentës nas Figuras 13, 14, 15 e 16 com base no modële de Golam *et al.*(2011). Esta medida permitiu-nos classificar as estirpes fúngicas de acordo com o seu grau de sensibilidade a cada concentração testadaëe.

Através das diferentes percentagens de inibição obtidas, os polifënóis ëtudiës apresentaram actividades variáveis sobre as estirpes filamentosas testadas. As estirpes pertencentes aos géneros *Moniliella* e *Alternaria pareceram* ser as mais sensíveis.

Para a estirpe de *Alternaria,* os polifenóis extraídos do feijão-miúdo (PHRC) e do feijão-branco (PHBC) apresentaram taxas de inibição mais elevadas do que os polifenóis do feijão-miúdo saudável (PHRS) e do feijão-branco saudável (PHBS). Estas últimas foram superiores a 50%, para concentrações que variaram de 0,94 mg/ml a 15 mg/ml. Este facto pode provavelmente ser explicado pela ausência de contaminação por este tipo de polifenóis no caso do feijão branco contaminado e pela redução da taxa de contaminação do feijão vermelho contaminado se a taxa de contaminação for comparada com a do feijão vermelho saudável (figura 13).

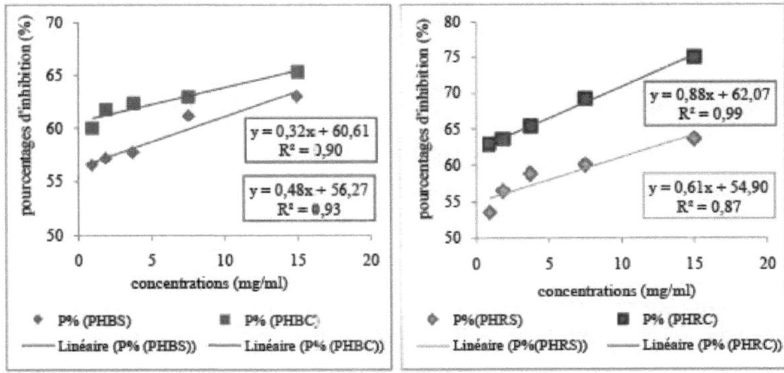

Figura 13. Taxa de inibição dos extractos polifenólicos contra *Alternaria sp.*

Quanto à estirpe pertencente ao gén≥ro *Fuscrium,* esta mostrou pouca sensibilidade aos extractos polifenólicos de feijão branco contaminado para as cinco concentrações (figura 14). Os outros tipos de extractos polifenólicos foram moderadamente activos e despigmentaram o micélio aéreo da estirpe em questão (Anexo 05).

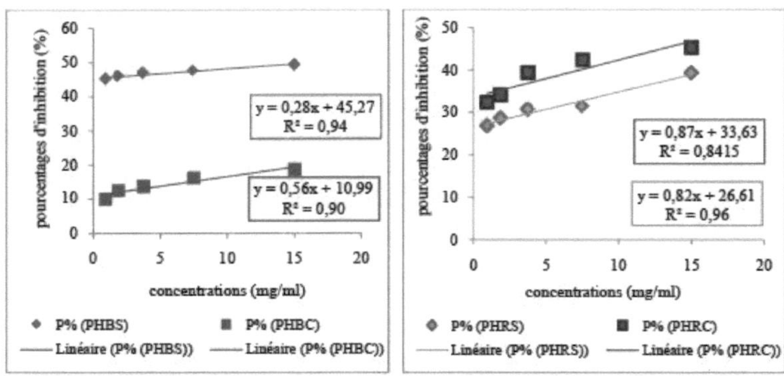

Figura 14. Taxa de inibição dos extractos polifenólicos contra *Fusarium sp.*

Para a *Moniliella sp.,* verificou-se que três tipos de extractos polifenólicos eram altamente activos: extractos polifenólicos de feijão saudável, extractos polifenólicos de feijão contaminado e extractos polifenólicos de feijão branco contaminado para concentrações que variavam entre 1,87 mg/ml e 15 mg/ml (taxa de inibição >75%), com exceção do PHRC que era ativo para concentrações de 0,94 mg/ml e 1,87 mg/ml. Os extractos polifenólicos de feijão branco saudável (PHBS) foram considerados activos (taxa de inibição >60%) em todas as cinco concentrações. Isto justifica a ausência deste género nas nossas amostras, com exceção da taxa de contaminação baixa ou mesmo negligenciável dos grãos de feijão branco saudável (um género raramente isolado) (figura 15).

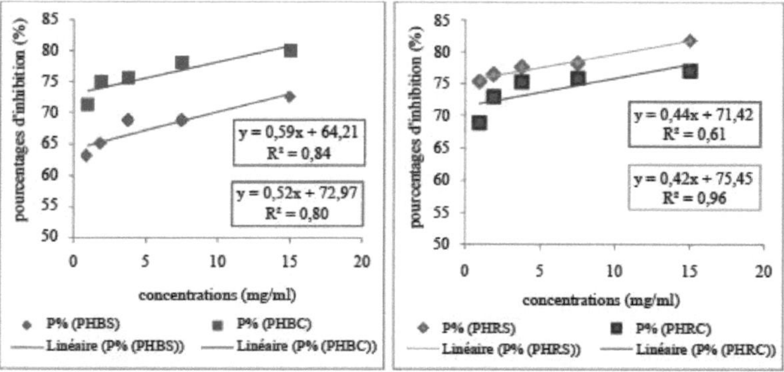

Figura 15. Taxas de inibição dos extractos polifenólicos contra *Moniliella sp.*

Para a concentração de 15 mg/ml, os extratos polifénólicos das 6 amostras sadias das duas variëtës de feijão seco apresentaram índices de inibição acima de 50% sobre o gênero *Rhizopus, o que se caracterizou* por uma diminuição da esporulação (Anexo 07). Para as outras concentrações, este género foi rëyë!ë limile e os extratos polifénólicos são ditos moderadamente ativos (Figura 16).

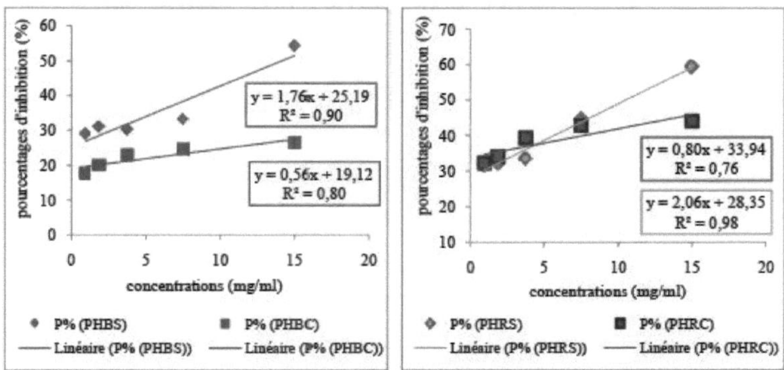

Figura 16. Taxa de inibição dos extractos polifënólicos contra a estirpe *Rhizopus sp.* As estirpes de *Penicillium sp.* e *Aspergillus sp.* cresceram a um ritmo constante, o que nos impediu de calcular as suas taxas de inibição. Os resultados obtidos são apresentados nas Figuras 17 e 18, onde se pode ver claramente uma mudança de cor.

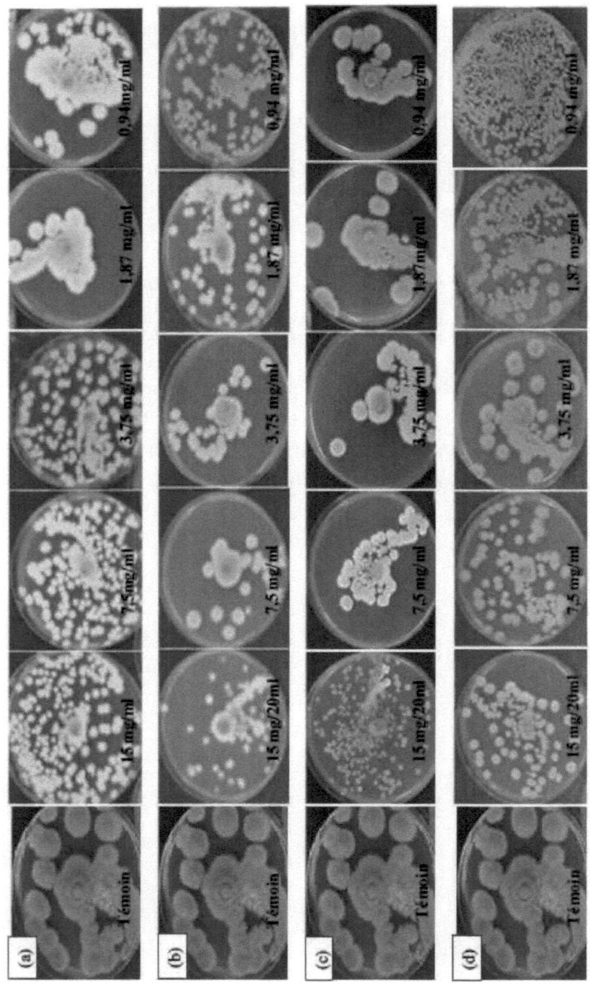

Figura 17. Efeito de inibição dos extractos polifdnólicos na estirpe de *Pemcillium sp*. (a): PHRS, (b): PHRC, (c): PHBS, (d): PHBC.

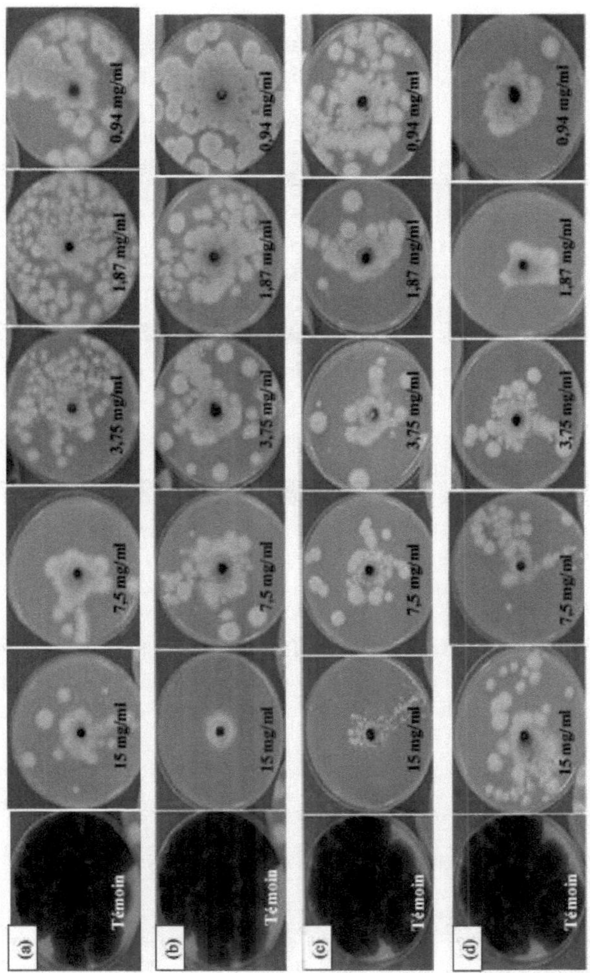

Figura 18. Efeito de inibição dos extractos polifdnólicos contra a estirpe de *Aspergillus sp.*
(a): PHRS, (b): PHRC, (c): PHBS, (d): PHBC

8. 2 Determinação dos índices antifúngicos (IA100)

Os IA100 determinados graficamente estão resumidos no Quadro 19.

Tableau 19. 100Rëcapitulação dos índices antifúngicos (IA) dos extratos polifënólicos de ëcHaTШon3 feijão seco.

Estirpe	IA100 (mg/ml)			
	PHRS	PHRC	PHBS	PHBC
Alternaria sp.	73,93	43,10	91,10	123,09
Aspergillus sp.	ND	ND	ND	ND
Fusarium sp	89,5	76,29	195,46	158,95
Moniliella sp	58,45	64,95	60,66	51,98
Penicillium sp.	ND	ND	ND	ND
Rhizopus sp.	34,78	82,57	42,50	144,43

ND: Não determinar

100De acordo com os resultados obtidos, as estirpes testadas não têm o mesmo IA. 100O IA das estirpes pertencentes aos géneros *Aspergillus* e *Penicillium* não foi determinado devido à dispersão dos esporos, pelo que não foi possível medir os seus diâmetros.

Apesar da existência de taxas de inibição relativamente baixas em certas estirpes, os resultados obtidos provam a existência de atividade antifúngica contra as estirpes testadas. Feito isso, é interessante estimar as concentrações inibitórias mínimas (CIM), as concentrações fungicidas (CF) e as concentrações fungistáticas (CFS).

8. 3. Concentrações inibitórias mínimas (CIM)

As concentrações inibitórias mínimas (CIM) devem ser calculadas para determinar a eficácia antifúngica dos extractos polifuncionais (Tiwari *et al.*, 2009). Os resultados são apresentados na Tabela 20.

Tableau 20. Concentrações inibitórias mínimas (mg/ml) de extractos polifenólicos de feijão seco em meio líquido.

Estirpe	CIMs (mg/ml)			
	PHRS	PHRC	PHBS	PHBC
Alternaria sp.	30	30	15	30
Aspergillus sp.	30	30	30	30
Fusarium sp.	30	30	30	30
Moniliella sp.	1,87	7,50	15	15
Penicillium sp.	15	30	15	30
Rhizopus sp.	15	30	15	30

A concentração inibitória mínima (CIM), definida como a menor concentração de polifënóis que resultou na inibição competitiva do crescimento de micëte (Jong *et al*, 2010), variou de 1,87 a 30 mg/ml para extratos polifënólicos de feijão vermelho saudável, de 7,5 a 30 mg/ml para extratos polifënólicos de feijão vermelho contaminado e de 15 a 30 mg/ml para extratos polifënólicos de feijão branco saudável e extratos polifenólicos de feijão branco contaminado. As estirpes do género *Moniliella foram consideradas as* estirpes fúngicas mais sensíveis aos extratos polifenólicos estudados, particularmente os do feijão vermelho saudável (CIM=1,87 mg/ml).

8. 4. Concentrações fungistáticas e fungicidas

As concentrações fungistática (CFS) e fungicida (CF) expressas em mg/ml são apresentadas no

Quadro 21.
Tableau 21. Concentrações fungistática (CFS) e fungicida (CF) em mg/ml de extractos polifenólicos de feijão seco em estirpes isoladas.

Estirpe	CF	CFS	CF	CFS	CF	CFS	CF	CFS
	PH	[RS	PH	[RC	PH	[BS	PH	BC
Alternaria sp.	30	ND	ND	30	30	15	30	ND
Aspergillus sp.	30	ND	30	ND	30	ND	30	ND
Fusarium sp.	30	ND	30	ND	30	ND	30	ND
Moniliella sp.	3,75	1,87	7,5	ND	15	ND	15	ND
Penicillium sp.	ND	15	ND	15	30	15	ND	30
Rhizopus sp.	15	ND	30	ND	30	15	ND	30

ND: Não determina

As subculturas realizadas após a obtenção das CIM revelaram níveis variáveis de atividade dos extractos polifenólicos de feijão seco sobre as estirpes testadas. Os extractos polifenólicos de feijão branco saudável mostraram atividade fungistática sobre estirpes de fungos a 15 mg/ml para *Penicillium sp.* e 1,87 mg/ml para *Moniliella sp.* Os polifenóis do feijão-miúdo contaminado e do feijão-branco saudável foram fungistáticos a 15 mg/ml em *Penicillium sp.* e a 30 mg/ml e 15 mg/ml, respetivamente, em *Alternaria sp.* Os extractos polifenólicos de feijão branco contaminado foram fungistáticos em *Penicillium sp.* e *Rhizopus sp.* a 30 mg/ml.

De acordo com os resultados da atividade antifúngica dos extractos polifěnólicos de feijão inteiro moído, reëalisados pelo método de contacto direto, as estirpes ëtudiëes não têm a mesma sensibilidade. Pensa-se que este facto se deve à natureza da parede das estirpes fúngicas, que é composta por uma rede complexa de proteínas e polissacáridos e varia em composição dependendo da espécie fúngica (Yen e Chang, 2008). A perturbação desta matriz por adsorção de compostos fenólicos após a compiexação da membrana polifenol/polissacárido pode resultar numa redução da fluidez das camadas interna e externa da parede, que se torna defeituosa e suscetível à lise osmótica por agentes antifúngicos (Domineco *et al.,* 2005)

Além disso, a atividade antifúngica dos extractos polifenólicos pode também dever-se ao facto de certos compostos polifenólicos se ligarem às proteínas dos microrganismos, bloqueando as suas actividades enzimáticas (Mohamed Sham *et al.,* 2010). Além disso, a síntese de ADN e ARN pode ser inibida (Hadi, 2004).

De acordo com Wiley (2005), a cor caraterística observada em muitos bolores deve-se à pigmentação dos conídios. Consequentemente, a alteração da cor das estirpes de *Aspergillus sp.*, *Fusarium sp.* e *Penicillium sp.* pode dever-se ao efeito dos extractos polifenólicos de grãos de feijão secos nos conídios. Vários actores, incluindo Sharma e Tripath (2007), descobriram que os extractos de plantas podem causar alterações morfológicas, incluindo esporulação insuficiente, perda de pigmentação, desenvolvimento anormal de conidióforos e deformação de hifas.

A toxicidade dos taninos, o grupo fenólico mais amplamente distribuído no feijão, para os bolores é um facto bem estabelecido, quer através de experiências *in vitro* que reduzem o crescimento de fungos filamentosos, incluindo por vezes o bloqueio ou o abrandamento da germinação dos esporos, quer através de abordagens bioquímicas que afectam a respiração dos bolores (Macheix *et al.,* 2005).

Para além dos taninos, um grande número de compostos fenólicos simples do feijão seco (ácido ferúlico, cinâmicos, flavonóides, etc.) têm também atividade antifúngica. Mais uma vez, os compostos fenólicos podem atuar quer diretamente, bloqueando o crescimento dos bolores (Macheix *et al.*, 2005), quer indiretamente, inibindo certas enzimas extracelulares, que estes utilizam para penetrar nos grãos, como as celulases e as pectinases (Chërif *et al., 2007)*. As mesmas observações têm ële feito por vários investigadores (Tabela 22).

Tabela 22. Alguns compostos fenólicos activos *in vitro* sobre certos micróbios.

Compostos fenólicos	Moldes alvo	Referências
Ácido cinâmico	*Alternaria, Sclerotinia.*	(Lattanzio *et al.*, 2001)
ácido fërulico	*Penicillium.*	(Lattanzio *et al.*, 2001)
Flavonóides	*Alternaria, Penicillium.*	(Chërif *et al.*, 2007)

A determinação de concentrações inibitórias mínimas, concentrações fungicidas e fungistáticas, pelo método de diluição em meio líquido, confirma os resultados obtidos em meio sólido pelo método de contacto direto. Esta atividade antifúngica^ parece estar Hëc à presença de determinadas funções químicas, como a presença de um anel aromático e do grupo hidroxilo na estrutura dos compostos fënólicos (Shirazdl *et al.*, 2011).

Conclusão e perspectivas

Os produtos hortícolas secos são, sem dúvida, uma das matérias-primas mais expostas à contaminação por fungos. O crescimento fúngico nestes substratos pode ter várias consequências: alteração das propriedades organolépticas, redução da qualidade nutricional, surtos de doenças ou acumulação de compostos tóxicos. Os polifenóis estão entre os constituintes dos cereais que podem desempenhar um papel na sua defesa contra o stress biótico e abiótico. Nos últimos anos, têm atraído um interesse crescente por parte da indústria alimentar.

Este estudo foi ël.ë realizado com o objetivo de avaliar o teor de polifënóis totais em grãos inteiros de duas variedades de feijão seco (branco e vermelho), investigar os principais géneros de bolores que contaminam estes feijões, tendo em conta o efeito intra-varietal (amostras sãs e danificadas da mesma variedade) e o efeito inter-varietal (amostras pertencentes a diferentes variedades) e testar *in vitro* o efeito antifúngico dos polifenóis totais em estirpes de bolores isoladas.

A primeira análise essencial foi a avaliação do teor de humidade dos grãos, que revelou valores mais elevados nos lotes considerados contaminados. Em geral, estes níveis são favoráveis ao desenvolvimento de bolores, que são microrganismos xerotolerantes.

A análise micológica efectuada nas nossas amostras permitiu-nos isolar 43 estirpes das duas variedades de feijão seco analisadas. A taxa de contaminação mais elevada foi observada na variedade branca, que parece ser mais suscetível ao ataque fúngico. A purificação das estirpes isoladas permitiu-nos identificar seis géneros de fungos, nomeadamente : *Alternaria, Aspergillus, Fusarium, Moniliella, Penicillium* e *Rhizopus, sendo o Penicillium* dominante em ambas as variedades. As estirpes pertencentes a este género são designadas por bolores de armazenagem.

Os resultados da extração e da determinação dos polifenóis totais mostraram que o seu teor não é estável e varia muito com a variedade, sendo mais elevado na variedade vermelha do que na variedade branca. Quanto à diferença intra-varietal, as amostras sãs são mais ricas em polifenóis totais do que as amostras contaminadas.

A procura de possíveis correlações entre a taxa de contaminação, o teor de humidade e o teor de polifenóis totais das diferentes amostras de feijão seco indica uma correlação positivamente significativa entre o teor de humidade e a taxa de contaminação dos feijões. Por outro lado, a taxa de contaminação foi significativamente correlacionada de forma negativa com o teor de polifenóis.

O teste antifúngico, realizado pelo método de contacto direto, dos extractos polifenólicos contra as seis estirpes isoladas testadas mostrou um efeito antifúngico. Este efeito variou consoante a estirpe e a dose aplicada. As estirpes pertencentes aos géneros *Moniliella* e *Alternaria parecem* ser as mais sensíveis, com todos os extractos polifenólicos a inibir o seu crescimento em mais de 50%.

O método de diluição confirmou os resultados do método de contacto direto. As estirpes do género *Moniliella revelaram-se* as estirpes fúngicas mais sensíveis aos extractos polifenólicos estudados, nomeadamente os da variedade vermelha sã. Estes extractos revelaram uma atividade fungistática, mas variável consoante a estirpe e a concentração considerada (15 mg/ml para *Penicillium sp.* e 1,87 mg/ml para *Moniliella sp.). Os* extractos polifenólicos da variedade vermelha contaminada e da variedade branca sã foram também fungistáticos e variaram em função da estirpe e da concentração considerada (15 mg/ml para *Penicillium sp.* e 30 mg/ml e 15 mg/ml respetivamente para *Alternaria sp.*). Os extractos polifenólicos da variedade branca contaminada são fungistáticos para *Penicillium sp.* e *Rhizopus sp.* a 30 mg/ml.

Todas as concentrações de extractos polifenólicos aplicadas inibiram parcial ou totalmente o crescimento dos bolores testados. Os resultados obtidos indicam que as estirpes mais sensíveis são *Alternaria sp.*, *Moniliella sp.* e *Rhizopus sp.*, enquanto *Fusarium sp. Penicillium sp.* e *Aspergillus sp.* são as mais resistentes.

Na sequência do presente estudo, seria interessante efetuar um estudo mais aprofundado para identificar as espécies de estirpes isoladas, quantificar e caraterizar a natureza dos compostos polifenólicos presentes nas diferentes camadas histológicas do grão de feijão seco, avaliar o poder antifúngico de cada composto fenólico e examinar a possibilidade de melhorar geneticamente o teor destes compostos polifenólicos, a fim de aumentar a resistência à infestação por fungos.

Referências

Abad M-J., Ansuategui M. e Bermejo P., 2007. Substâncias antifúngicas activas de fontes naturais, *ARKIVOC* (VII): 116-145.

Abdel Massih M., 2007. Bolores: identificação, fontes de contaminação e métodos de controlo. *Pólo tecnológico agroalimentar*: 3.

Alavi S-H-R., Yassa N. e Fazeli M-R., 2005. Constituintes químicos e atividade antibacteriana do óleo essencial de *Peucedanum ruthenicum* M. Bieb. Frutos. *SHR IJPS* 1 (4): 217222.

Alcamo E-I., 1984. Fundamentos de Microbiologia. *Addison Wesly publishing company*, Londres: 310-341; 617-699.

Aparicio F-X., Manzo-Bonilla L. e Loarca-Pina G., 2005. Comparação da atividade antimutagénica de compostos fenólicos em feijões comuns *Phaseolus Vulgaris* recém-colhidos e armazenados contra a aflatoxina B1. *Journal of the Science of Food* (70): 73-78.

Arkoyld W-R. e Daughty J., 1982. Legume seeds in the human diet. *FAO*: 152.

Ausubel F-M., 2005. Are innate immune signaling pathways in plants and animals conserved, *Nature Immunology* (6): 973-79.

Badillet G., De Brieve C. e Nielio E., 1987. Champignons contaminants des cultures, champignons opportunistes, Atlas clinique et biologique II, *VARIA*: 153-155.

Bahorun T., Gressier B., Trotin F., Brunet C., Dine T., Luyckx M., Vasseur J., Cazin M., Cazin J-C. et Pinkas M., 1996. Atividade de eliminação de espécies de oxigénio de extractos fenólicos de órgãos de plantas frescas de espinheiro e de preparações farmacêuticas. *Arzneiminittelforschung/Drug Research*. 46 II (11): 1086 - 1089.

Bajpai V-K., Shukla S. e Kang C-S., 2008. Composição química e atividade antifúngica do óleo essencial e de vários extractos de Silene armeria L. *Bioresource Technology, Elsevier* (99): 8903-8908.

Bajpai V-K., Shukla S. e Kang C-S., 2010. Atividade antifúngica do óleo essencial de folhas e extractos de *Metasequoia glyptostroboides*. *Journal. Americano. Oil. Chemistry. Soc* (87): 327-336.

Basset T., 2009. Degradação biológica *BNF. Bussy Saint Georges* : 04.

Batawita K., Kokon K., Akpagona K., Koumaglo K. e Bouchet P., 2002. Activite antifongique d'une espece en voie de disparition de la flore togolaise: *Conyza aegyptiaee*. Cite par Akroum S (2006), *memoire de magister*, universite de Constantine: 58.

Baudoin J-P., Crabbe J., Beatrice L. e Beatrice L., 2004. Hibridação interespecífica com *Phaseolus vulgaris* L.: desenvolvimento embrionário e sua genética. *Research Signpost*: 349364.

Baudoin J-P., Siliic S. e Jacquemin J-M., 2011. Utilização de mutações induzidas para estudar a embriogénese no feijão *Phaseolus vulgaris* L. e em duas plantas modelo, *Arabidopsis thaliana* e *Zea mays* L. *Biotecnologia. Agronomia. Soc. Ambiente*: 195205.

Beninger C-W. e Hosfield G-L., 2003. Antioxidant activity of extracts, condensed tannin fractions and pure flavonoids from *Phaseolus vulgaris* L. seed coat color genotypes. *Journal of Agricultural and Food Chemistry* (51): 7879-7883.

Beta T., Nam S., Dexter J-E. e Sapirstein H-D., 2005. Phenolic content and antioxidant activity of pearled wheat and roller-milled fractions. *Cereal Chemistry*, 82(4): 90-393.

Boiron P., 1996. Organização e biologia dos fungos. *Nathan*: 13-69.

Botton B., Breton A., Fevre M., Gauthier S., Guy P., Larpent J-P., Reymond P., Sanglier J-J.,

Vayssier Y. et Veau P., 1990. Bolores úteis e nocivos, importância industrial, *Masson*, Paris: 349P.

Bouayed J., Rammal H., Younos C., Dicko A. e Soulimani R., 2008. Caracterisation et bio ëvaluation des polyphënols: nouveaux domaines d'application en sante et nutrition. *Springer.* França: 4.

Bouchet P-H., Guignard J-L e Vihard J., 1999. Les champignons mycologie fondamentale et applique. *Masson*: 36-45.

Bouchet P., 2005. Les champignons: mycologie fondamentale et appliquee. *Masson*: 1- 23-25.

Boudra H., 2002. La contamination par les moisissures et les mycotoxines des fourrages conserves signification et prevention, *INRA*: 11.

Bourgeaois C-M. e Larpent L-P., 1996. Microbiologia Alimentar, as fermentações alimentares. Tomo 2. *Lavoisier*: 17-19.

Bousseboua H., 2005. Elementos de microbiologia. *Clube do campus*, n°2: 14.

Braga F-G., Bouzada M-L-M., Fabri R-L., Matos M-O., Moreira F-O., Scio E. e Coimbra E-S., 2007. Atividade antileishmanial e antifúngica de plantas utilizadas na medicina tradicional do Brasil. *Journal of Ethnopharmacology* 111: 396-402.

Branger A., Richer M-C. e Roustel S., 2007. Alimentation, securite et microbiologie. *Educagri*, Dijon: 32-33.

Brochard G. e Le Bacle C., 2009. Micotoxina no local de trabalho: origem e propriedades tóxicas das principais micotoxinas, dossier médico-técnico n°119. *Departamento de estudos e assistência médica, INRS*: 292.

Brownlee H-E., Hedger J. e Scott I-M., 1992. Efeitos de uma gama de procianidinas no agente patogénico do cacau *Crinipallis perniciosa. Patologia Vegetal* (40): 227-232.

Bulter M-J. e Day A-W., 1998. Fungal melanins. *Canadian Journal Microbiology.* 44: 11151136.

Cahagnier B., Dragacc S., Frayssinet C., Fremy J-M., Hennebert G-L., Lesage-Meessen L., Multon J-L., Richard-Molard D. e Roquebert M-F., 1998. Bolores em alimentos com baixo teor de hidrogénio. Cite; por Nguyen M-T-M (2007). *Estes doctorat*, institut national polytechnique de Toulouse: 147P.

Cahagnier B. e Rhichard M-D., 1998. Analyse mycologique in Moisissures des aliments peu hydrates. *Technologie et Documentation*: 140-158.

Cahagnier R-B., 1996. Cereales et produits derives, *Tec et Toc, Lavoisier*, Paris: 392-413.

Cairns-Fuller V., Aldred D. e Magan N., 2005. As interacções entre a água, a temperatura e a composição gasosa afectam o crescimento e a produção de ocratoxina A por isolados de *Penicillium verrucosum* em grãos de trigo, *Journal of Microbiology*: 1215-1221.

Cardador-Martinez A., Loarca-Pina G. e Oomah B-D., 2002. Atividade antioxidante do feijão comum (*Phaseolus vulgaris* L.). *Journal of Agricultural and Food Chemistry* (50): 69756980.

Castegnaro M. e Pfohl-Leszkowicz A., 2002. Nefropatia endémica dos Balcãs e tumores do trato urinário associados: revisão das causas etiológicas, papel potencial das micotoxinas. *Food Additive and Contaminants* .19 (3): 282-302.

Catanzariti A-M., Dodds P-N. e Ellis J-G., 2007. Proteínas de avirulência de agentes patogénicos formadores de haustórios. *FEMS Microbiology. Lett*; 269: 88-181.

Cazaux M., 2009. Estudo da resistência da leguminosa modelo *Medicago truncatula* ao *Colletotrichum trifolii*, agente da antracnose. *Tese de doutoramento*. Universidade de Toulouse: 178 p.

Chabasse D., Bouchra J-P., De Gentile L., Brun S., Cimon B. e Penn P., 2002. Les moisissures d'interet medical, cahier de formation N° 25, *Bioforma,* Paris: 160.

Chahardehi A-M., Ibrahim D. e Sulaiman S-F., 2010. Antioxidante, atividade antimicrobiana e teste de toxicidade de *Pileamicrophylla. Jornal Internacional de Microbiologia*: 6.

Champion R., 1997. Identificação de fungos transmitidos por sementes. *INRA*: 20-26.

Chang C-W., Chang W-L., Chang S-T. e Cheng S-S., 2008. Actividades antibacterianas de óleos essenciais de plantas contra *Legionella pneumophila. Water Research* 42: 78-286.

Charles M. e Benbrook P-D., 2005. Aumentar o teor de antioxidantes dos alimentos através da agricultura biológica e da transformação de alimentos. Relatório sobre o estado da ciência. *The Organic Center*: 10.

Charpentier J-P. e Boizot N., 2006. Mëthode rapide devaluation du contenu en composës phënoliques des organes d'un arbre forestier. АтёНогайоп gënëtique et physiologie forestieres. *INRA*: 79.

Chërif M., Arfaoui A. e Rhaiem A., 2007. Compostos fenólicos e seu papel no biocontrole e resistência do grão-de-bico a ataques de fungos patogênicos. *Jornal Tunisino de Proteção de Plantas* (2): 7-21.

Chisholm S-T., Coaker G., Day B. e Staskawicz BJ., 2006. Host-microbe interactions: shaping the evolution of the plant immune response. *Ceil* (124): 803-14.

Christensen C-M., 1994. Micologia de cereais moles: tecnologia e consequências para os produtos acabados. Vol 7. N° 1: 27-32.

Christensen C-M., Meronuk R-A. e Sauer D-B., 1982. Micoflora (9), *Associação Americana de Químicos de Cereais*: 219-240.

CIAT (Centro Internacional de Agricultura Tropical), 2003. Novas variëtës de feijão para os agricultores da Etiópia. *Destaques*: 2.

Cowan M-M., 1999. Produtos vegetais como agentes antimicrobianos. *Clinical Microbiology Reviews*. 12 (4): 564-582.

Cronk Q., Ojeda I. e Pennington R-T., 2006. Legume comparative genomics: progress in phylogenetics and phylogenomics. *Cur Opin Plant Biol* 9: 99-103.

Cruz J-F. e Diop A., 1989. Gënie agricole et dëveloppement, techniques d'entreposage. *FAO*, Itália: 7.

Cup J-L. e Legnaud-Rouand C., 1992. Les graines de tegumineuses, *ESF*, Paris: 941-96.

D'Halewyn M-A., Leclerc J-M., King N., Bëlanger M., Legris M. e Frenette Y., 2002. Les risques a la santë asso^s a la presence de moisissures en milieu intërieur, Document synthese Tire de : Les risques a la santë asso^s a la presence de moisissures en milieu intërieur, *Institut national de santepublique du Quebec*: 16.

Daniel G., Debouk I-N-G. e Rigoberto H., 1937. Morphologie de la plante du haricot sec (*Phaseolus vulgaris* L.), *CIAT*: 56.

De Aguirre L., Hurst S-F., Choi J-S., Shin J-H., Hinrikson H-P. e Morrison C-J., 2004. Rapid differentiation of *Aspergillus* species from other medically important opportunistic molds and yeasts by PCR-enzyme immunoassay, *J. Clin. Microbiol.* 42 (8): 3495-3504.

De Lucia M. e Assennato, 1992. Pós-colheita de cereais. *FAO*. Roma: 72.

Debete J-M., 2005. Estudo fitoquímico e farmacológico de *Cassia nigricans* Vahl (*Caesalpiniaceae*) usado no tratamento de dermatoses no Chade. *Tese de doutoramento*. Universo de Bamako: 316 P.

Dehimat L., 1990. Etude des mycotoxines sëcrëtëes par les moisissures contaminant les cërëales stockëes dans la region de 1 est ttigerien. *Estes magister INS*. Uni versite de Constantine: 128.

Derwich E., Benziane Z. e Boukir A., 2010. Análise GC/MS e atividade antibacteriana do óleo essencial de *Mentha pulegium* cultivado em Marrocos. *Jornal de Investigação Agrícola e Biológica.* 6 (3):191-198.

Dinelli G., Bonetti A., Minelli M., Marotti I., Catizone P. e Mazzanti A., 2006. Teor de flavonóis em ecótipos italianos de feijão (*Phaseolus vulgaris L.*). *Food Chemistry* (99): 105-114.

Dixon R-A. e Paiva N-L., 1995. Stress induced phenylpropanoid metabolism, *Plant cell* (7): 1085-1097.

Djebali N., 2008. Estudo dos mecanismos de resistência na planta modelada *Medicago truncatula* contra dois dos principais agentes patogénicos das leguminosas cultivadas: *Phoma medicaginis* e *Aphanomyces euteiches. Tese de doutoramento.* Universidade de Toulouse. 209 P.

Domenico T., Francesco C., Maria G-S., Vincenza V., Mariateresa C-D., Antonella S., Gabriela M. e Giuseppe B., 2005. Mecanismos de ação antibacteriana de três monoterpenos. *Antimicrobial Agents and Chemotherapy,* 49: 2474-2478.

Doumandji A., Doumandji S. e Doumandji M-B., 2003. Le stockage et la lutte contre les ennemis des cereales. *Seminário sobre moagem de farinha e indústrias de cereais*: 4-14.

Drevon J-J., 2009. Cooperação sobre o tema: Eficácia da utilização do fósforo e fixação simbiótica do azoto na cultura do feijão (no âmbito do programa Tassili N° 08MDU721), *Compte rendu de missions, INRA*: 6.

Drewnowski A. e Gomez-Carneros C., 2000. O sabor amargo, os fitonutrientes e o consumidor: uma revisão. *American Journal of Clinical Nutrition* (72): 1424-1435.

DSASI, 2009. Direction des statistiques agricoles et des systemes d'information, Superficie et production des legumes secs en Algerie (2006-2009).

Duron L., 1999. Le transport maritime des produits cerealiers, *memoire pour dess*, université Marseille: 81.

Ebrahimi N-S., Hadian J., Mirjalili M-H., Sonboli A. e Yousefzadi M., 2008. Composição do óleo essencial e atividade antimibacteriana de *Thymus caramanicus* em diferentes fases fonológicas. *Química alimentar* (110) : 927-931.

Ekoumou C., 2003. Estudo fitoquímico e farmacológico de cinco receitas tradicionais utilizadas no tratamento de infecções do trato urinário e cistite. *Estes doutoramentos.* Universidade de Bamako: 168.

Esekhiagbe M., Uzuazokaro Agatemor M-M. e Agatemor C., 2009. Conteúdo fenólico e potencial antimicrobiano de *Xylopia aethiopica* e *Myristica argentea. Macedonian Journal of Chemistry and Chemical Engineering,* Vol. 28, No. 2: 159-162.

FAO e OMS, 2007. Codex alimentarius: Cërëales, leguminosas, legumes e proteínas vegetais. *Programa conjunto FAO/OMS sobre normas do Codex para leguminosas seleccionadas.* Roma: 13-14.

FAO, 1984. Loss of quality of food grains after harvesting, *estudo da FAO sobre alimentação e nutrição.* Roma: 17.

FAO, 1994. Estudo da FAO, Forets. *Serviço Florestal*, Roma: 12-16.

Feillet P., 2000. Le grain de ble composição e utilização. *INRA*, Paris: 53.

Feliachi K., 2006. Rapport national sur l'etat des Ressources phytogenetiques pour L'alimentation et l'agriculture, *INRAA*: 68.

Ferrari J., 2002. Contribution a la connaissance du metabolisme secondaire des *Thymelaeaceae* et investigation phytochimique de l'une de elles: *Gnidia involucrata Steud.* ex A. Rich. *Tese de doutoramento.* Universidade de Lausanne: 320 P.

Flamini G. e Luigi Cioni P., 2003. Atividade de extractos de plantas, óleos essenciais e compostos puros contra fungos que contaminam os géneros alimentícios e causam infecções em seres humanos e animais: uma experiência de seis anos (1995-2000). *Imprensa de produtos alimentares: Crop Science*. Nova Iorque: 279-297.

Fleuriet A. e Macheix J-J., 2003. Phenolics acids in fruits and vegetables. *Marcel Dekker*, Nova Iorque: 1-41.

François V., 2004. Determination d'indicateurs d'acceleration et de stabilisation de deterioration des cereales, *tese de doutoramento*, Universidade de Limoges. 360 P.

Galtier P., Loiseau N., Oswald I-P. e Puel O., 2005. Toxicologie des mycotoxines: dangers et risques en alimentation humaine et animale Bull. *Academia. Veterinary*, Tome 159, N°1. França: 12-15.

Garcia-Salas P., Morales-Soto A., Segura-Carretero A. e Fernandez-Gutierrez A., 2010. Sistemas de extração de compostos fenólicos para amostras de frutas e vegetais. *Molecules* (15): 8813-8826.

Gepts P., Beavis WD, Brummer EC, Shoemaker RC, Stalker HT, Weeden NF e Young ND, 2005. Legumes como família de plantas modelo. Genomics for food and feed report of the cross-legume advances through genomics conference. *Plant Physiology* 137: 1228-1235.

Godon B. e Loisel W., 1997. Guide pratique d'analyses dans les industries des cereales, *Technologie et Documentation*, Paris: 819 P.

Goix J., 1986. O bruquídeo do feijão. *Revue Phytoma- Defense des cultures*: 48-49.

Golam A., Khandaker L., Berthold J., Gates L., Peters K., Delong H e Hossain, 2011. Antocianina, polifenóis totais e atividade antioxidante do feijão comum. *Americano. Journal of Food and Technology*. 6: 385-394.

Gonzalez de Mejia E., Castano-Tostado E. e Loarca-Pina G., 1999. Efeitos antimutagénicos dos compostos fenólicos naturais do feijão. *Mutation Research* (441): 1-9.

Graham P-H. e Vance CP., 2003. Legumes: Importância e restrições para uma maior utilização. *Plant Physiology*, 131: 872-877.

Granito M., Paolini M. e Përez S., 2007. Polifenóis e capacidade antioxidante de *Phaseolus vulgaris* armazenados em condições extremas e processados. *LWT Food Science and Technology* (41): 994-999.

Guiraud J-P., 2003. Microbiologia alimentar. *Duond*, Paris. 651 p.

Hadi M., 2004. La quercëtine et ses dërivës: molecules a caractere pro- oxydant ou capteurs de radicaux libres; études et applications therapeutiques. *Estes doutoramentos*. Universite Louis Pasteur: 155 P.

Hageskal G., Knutsen A-K., Gaustad P., de Hoog G-S. e Skaarl I., 2006. Diversidade e importância das espécies de bolores na água potável norueguesa, *Appl. Environment. Microbiology*. 72 (12): 7586-7593.

Hahlbrock K., Scheel D., Logemann E., Nurnberger T., Parniske M., Reinold S., Sacks W-R. e Schmelzer E., 1995. Ativação de genes de defesa mediada por oligopeptídeos em células de cultura de salsa. *Proc Nalt Acad Sci USA*, 92: 4150-4157.

Hale A-L., 2003. Screening Potato Genotypes for Antioxidant Activity, Identification of the Responsible Compounds, and Differentiating Russet Norkotah Strains Using Aflp and Microsatellite Marker Analysis. *Gabinete de Estudos de Pós-Graduação da Texas A&M University. Genética*: 260 P.

Halliwell B. e Gutteridge J-M-C., 1995. A definição e medição de antioxidantes em sistemas biológicos. *Free Radical Biology and Medicine*, 18: 125-126.

Harborne J-B., 1989. Procedimentos gerais e medição de fenólicos totais. *Plant phenolics. Academic Press,* Londres: 1-28.

Hawksworth D-L., Kirk P-M., Sutton B-C. e Pegler D-N., 1995. Ainsworth and bisby's dictionary of the fungi.*CAB International,* Reino Unido: 616.

Hayma J., 2004. Armazenamento de produtos agrícolas tropicais, *Fundação Agromisa,* Wageningen: 80.

Hinrikson H-P., Hurst S-F., De Aguirre L. e Morrison C-J., 2005. Molecular methods for the identification of *Aspergillus* species, 43 (1): 129-137.

Horbowicz M., Kosson R., Grzesiuk A. e D^bski H., 2008. Antocianinas de frutas e legumes, sua ocorrência, análise e papel na nutrição humana. *Boletim de Investigação de Culturas Vegetais*: 5-22.

Hossain M-A., Zhari I., Atiqur R. e Chul Kang S., 2008. Composição química e propriedades antifúngicas dos óleos essenciais e extractos brutos de *Orthosiphon stamineus* Benth. *Culturas e produtos industriais* (27): 328-334.

Huang D., Ou B. e Prior R-L., 2005. The Chemistry behind Antioxidant Capacity Assays (A química por detrás dos ensaios de capacidade antioxidante). *Journal of Agricultural & Food Chemistry.* 53: 1841-1856.

Hubert J., Stejskal V., Munzbergova Z., Kubatova A., Vanova M. e Zd'arkova E., 2007. Ácaros e fungos em lojas fortemente infestadas na República Checa, *J. Econ. Entomol.* 97(6): 21442153.

Hussin N-M., Muse R., Ahmad S., Ramli J., Mahmood M., Sulaiman M-R, Shukor M-A-Y., Rahman M-F-A. et Aziz K-N-K., 2009. Atividade antifúngica de extractos e compostos fenólicos de *Barringtonia racemosa* L. (*Lecythidaceae*). *Revista Africana de Biotecnologia* Vol. 8 (12): 2835-2842.

Jard N., 1995. As doenças dos cereais - Tomo I. *Universite. OmarMokhtar,* LYBIA: 517-522.

Jones G-A., Mcallister T-A., Muir A-I-D. e Cheng K-J., 1994. Effects of Sainfoin (*Onobrychis viciifolia* Scop.) Condensed tannins on growth and proteolysis by four strains of ruminal bacteriat. *Microbiologia aplicada e ambiental* (60) 4: 1374-1378.

Jones J-D-G. e Dangl J-L., 2006. O sistema imunitário das plantas. *Nature*; 444: 323-29.

Jong H., Bruce C., Campbell N., Chan K-L. e Russell J-M-A., 2010. Aumento da atividade de agentes antifúngicos contra aspergilli utilizando análogos estruturais do ácido benzoico como agentes quimiossensibilizadores. *Bfungal biology* 114: 817-824.

Kassemi N., 2006. Relação entre um inseto fitófago e a sua principal planta hospedeira: o caso do bruquídeo do feijão (*Acanthoscelides obtectus*) (*Coleoptera bruchidae*). *Estes magister.* Universite de Tlemcen: 107 P.

Kawamura F., Shaharuddin N-A., Sulaiman O., Hashim R. e Ohara S., 2010. Avaliação da atividade antioxidante, atividade antifúngica e fenóis totais de 11 espécies comerciais seleccionadas de madeira da Malásia. *JARQ* 44 (3): 319-324.

Keller S-E., Sullivan T-M. e Chirtel S., 1997. Factores que afectam o crescimento de *Fusarium proliferatum* e a produção de fumonisina B1: oxigénio e pH, *Indust. Microbiol, Biotechnology,* 19: 305-309.

Kellouche A. e Soltani N., 2005. Activite biologique des poudres de cinq plantes et de l'huile essentielle d'une d'elles sur *Callosobruchus maculatus, International Journal of Tropical Insect Science* Vol. 24, No. 1: 184-191.

Khallil A-R-M., 2001. Propriedades fitofungitóxicas dos extractos aquosos de algumas plantas. *Jornal de Ciências Biológicas do Paquistão.* 4 (4): 392-394.

Krogh P., 1987. Ocratoxina A nos alimentos. Mycotoxin in food. *Academic Press*, San Diego: 97121.

Kuhnie G., 2003. Investigation of flavonoids and their in vivo metabolite forms using tandem mass spectrometry. *Marcel Dekker*, Nova Iorque: 145-163.

Laib I., 2009. Estudo das actividades antioxidante e antifúngica do óleo essencial das flores secas de *Lavandula officinalis* sobre os bolores de legumes secos. *Estas revistas*. INATAA, Constantino: 124 P.

Laparra, J-M., Glahn R-P. e Miller D-D., 2008. Bioacessibilidade de fenóis em feijões comuns (*Phaseolus vulgaris* L.) e disponibilidade de ferro (Fe) para células caco-2. *J. Agric. Food Chem.* 56: 10999-11005.

Larpent J-P. e Larpent G-M., 1990. Memento technique de microbiologie. *Tec et Doc, Lavoisier*, Paris: 78-79-81.

Lattanzio V., Di Venere D., Linsalata V., Bertolini P., Ippolito A. e Salerno M., 2001. Metabolismo a baixa temperatura dos fenólicos da maçã e quiescência de *Phlyctaena vagabunda*. *Journal of Agriculture and Food Chemistry 49*: 5817-5821.

Lee K-W., Kim Y-J., Lee H-J. e Lee C-Y., 2003. O cacau tem mais fitoquímicos fenólicos e uma maior capacidade antioxidante do que os chás e o vinho tinto. *Journal of Agricultural and Food Chemistry*. 51: 7292-7295.

Leighton T., Ginther C., Fluss L., Harter W-K., Cansado J. e Notario V., 1992. Caracterização molecular de quercetina e glicosídeos de quercetina em vegetais Allium: seus efeitos na transformação de células malignas. *Sociedade Americana de Química*, Washington: 220-238.

Lin L-Z., Harnly J-M., Pastor-Corrales M. e Luthria D-L., 2008. Os perfis polifenólicos do feijão comum (*Phaseolus Vulgaris* L.). *Food Chemistry*, 107: 399-410.

Lis-Balchin M., 2002. Lavender: the genus *Lavandula*. *Taylor and Francis*, Londres: 37-200.

Lugasi A., Hovari J., Sagi K-V. e Bno L., 2003. O papel dos fitonutrientes antioxidantes na prevenção de doenças. *Ata Biologica Szegediensis*. 47(1-4); 119-125.

Luthria D. e Pastor-Corrales M., 2006. Teor de ácidos fenólicos de quinze variedades de feijão comestível seco (*Phaseolus Vulgaris* L.). *Journal of Food Comp. Anal*: 205-211.

M.A. (Ministério da Gestão do Território e do Ambiente), 1998. L'agriculture par les chiffres, *Direction des statistiques agricoles et des enquetes economiques*.

Macarde C., 2004. Análise estrutural e evolutiva de um cluster de análogos de genes de resistência em *Phaseolus vulgaris*. *Memoire du diplôme de l'ecole pratique des hautes etudes*. Universite Paris Sud: 31 P.

Macheix J-J., Fleuriet A. e Billot J., 1990. Fruit phenolics, *CR Press*, Boca Raton: 378 P.

Macheix J-J., Fleuriet A. e Sarni Manchado. 2005. Compostos fenólicos nas plantas: estrutura, biossíntese, distribuição e funções. In: les polyphenols en agroalimentaire, Cheynier V., Sarni Manchado P. *Lavoisier*, Paris: 510 P.

Madi A., 2010. Caracterização e comparação do conteúdo polifenólico de duas plantas medicinais (Tomilho e Sálvia) e evidência das suas actividades biológicas. *Estes magister*. Universite Mentouri Constantine: 116 F.

Magan N. e Olsen M., 2004. Mycotoxins in food Detection and control, *Woodhead Publishing in Food Science and Technology*: 190-203.

Manach C., Scalbert A., Morand C., Remesy C. e Jimenez L., 2004. Polyphenols: food sources and bioavailability. *American. Journal Clin Nutr.* 79(5): 727-747.

Markham K. e Bloor S., 1998. Analysis and identification of flavonoids in practice. In: flavonoids in health and disease, Rice-Evans C., Packer L. *Marcel Dekker*, New York: 134.

Meyer A., Deiana J. e Bernard A., 2004. Tribunal de microbiologia geral. *J.Appl.Microbiol*. 66 (4): 1523-1526.

Miliauskas G., Venskutonis P-R. e Van Beek T-A., 2004. Triagem da atividade de eliminação de radicais de alguns extractos de plantas medicinais e aromáticas. *Química alimentar*, 85: 231-237.

Mishra A-K. e Dubey N-K., 1994. Evaluation of Some Essential Oils for Their Toxicity against Fungi Causing Deterioration of Stored Food Commodities. *Applied and Microbiology*. 60 (4): 1101-1105.

Mohamed Sham S., Hansi H., Priscilla D. e Kavitha T., 2010. Atividade antimicrobiana e análise fitoquímica de plantas medicinais populares indianas seleccionadas. *Jornal Internacional de Ciências e Investigação Farmacêutica (IJPSR)* Vol. 1(10): 430-434.

Mohammedi Z., 2006. Etude du pouvoir antimicrobien et antioxydant des huiles essentielles et flavonoi'des de quelques plantes de la region de Tlemcen. *Estes são os estudos*. Universite de Tlemcen: 104 P.

Moller B. e Herrmann K., 1982. Analysis of quinic acid esters of hydroxycinnamic acids in plant material by capillary gas chromatography and high performance liquid chromatography, *Journal of chromatography* 241: 371-379.

Moreau C., 1996. Os moldes. Em Bourgeois C-M., Mescle J-F e Succa J., 1996. Micobiologie alimentaire. Tomo 1. *Lavoisier*. Paris: 234-235.

Mujica M-V., Granito M. e Soto N., 2009. Importância do método de extração na quantificação de compostos fenólicos totais em *Phaseolus vulgaris* L.Venzuela. *Interciencia*, Vol. 34, N° 9: 650-654.

Multon J-L., 1982. Conservation et stockage des grains et des graines et produits dërivës (Cërëales, Oleagineux, Proteagineux, aliments pour animaux), *Lavoisier*, Paris: 576.

Navarro J-M., Flores P., Garrido C. e Martinez V., 2008. Alterações no conteúdo de compostos antioxidantes em frutos de pimento em diferentes estádios de maturação, afectados pela salinidade. *Food Chemistry*. 96: 66-73.

Nguyen M-T., 2007. Identificação de espécies de bolores, potencialmente produtoras de micotoxinas em arroz comercializado em cinco províncias da região central do Vietname - estudo das condições que podem reduzir a produção de micotoxinas. *Estes doutoramentos*. Institut national polytechnique de Toulouse: 147 P.

Nicklin J., Graeme-Cook K., Paget T. e Killington R., 2000. The essentials of microbiology (O essencial da microbiologia). *Berti*: 210-216.

Nurnberger T. e Kemmerling B., 2006. Receptors protein kinases-Pattern recognition receptors in plant immunity. *Trends Plant Sci* (11): 519-22.

Oomah B-D., Cardador-Martinez A. e Loarca-Pina G., 2005. Fenólicos e actividades antioxidantes em feijões comuns (*Phaseolus vulgaris* L.). *Journal of the Science of Food and Agriculture*, 85: 935-942.

Orturno A., Baidez A., Gomey P. e Arenas M-C., 2005. *Citrus perasidi* e *Citrus sinensis* flavonoids: Their influence in the defense mechanism against *Penicillium digitatum*, citado por Akroum S (2006). *Estes magister*. Universite de Constantine: 81 P.

Ownagh A., Hasani A., Mardani K. e Ebrahimzadeh S., 2010. Efeitos antifúngicos dos óleos essenciais de tomilho, agastache e satureja em *Aspergillus fumigatus, Aspergillus flavus* e *Fusarium solani. Fórum de Investigação Veterinária*. 2: 99-105.

Parr A-J. e Bolwell P-G., 2000. Phenols in the plant and in man. O potencial para uma possível melhoria nutricional da dieta através da modificação do teor ou do perfil dos fenóis. *Journal of the Science of Food and Agriculture*, 80: 985-1012.

Peterson S-W., 2006. Multilocus sequence analysis of Penicillium and Europenicillium species, *Rev. Iberoam Micol*, 23(3): 134-8.

Pfohl-Leszkowicz A., 1999. Les mycotoxines dans l'alimentation, ëvaluation et gestion des risques, *Lavoisier*, Paris: 478 P.

Pfohl-Leszkowicz A., 2001. Micotoxinas nos alimentos: ë Avaliação e gestão do risco. *Tec et Doc*: 3-14.

Phattayakorn K. e Wanchaitanawong P., 2009. Atividade antimicrobiana de extractos de ervas tailandesas contra microrganismos de deterioração do leite de coco. *Kasetsart J. Nat. Sci.* 43: 752-759.

Pietta P., Gardana C. e Pietta A., 2003. Flavoniods in herbs. In: Flavonoids in health and desease, Rice Evans C., Packer L. *Marcel Dekker*, New York: 43-69.

Pitt J-I. e Miscamble B-F., 1995. The normal mycoflora of commodities from Thailand. Feijões, arroz, pequenos grãos e outros produtos. *Jornal Internacional de Microbiologia Alimentar* 23: 35-53.

Psotova J., Lasovsky J. e Vicar J., 2003. Propriedades de quelação de metais, comportamento eletroquímico, actividades de eliminação e citoprotecção de seis fenólicos naturais. *Biomed.* 147(2): 147153.

Queiroz-Monici K-S., Costa G-E-A., Da-Silva N., Reis S-M-P-M. e De-Oliveira A-C., 2005. Efeito bifidogénico da fibra alimentar e do amido resistente de leguminosas na microbiota intestinal de ratos. *Nutrição*, 21: 602-609.

Ramiro D., 2009. Caracterização dos mecanismos de resistência envolvidos nas respostas do caféier (*Coffea arabica*) ao agente da ferrugem alaranjada (*Hemileia vastatrix*). *These doctorat*, Montpellier supagro: 230 P.

Reboux G., Bellanger A-P., Roussel S., Grenouillet F. e Millon L., 2010. Revue des Maladies Respiratoires, stirie " pollution de l'air inttirieur '. Bolor e habitação: riscos para a saúde e riscos envolvidos. *Elsevier Masson*, França. (27): 169-179.

Reynoso C., Ramos G. e Loarca P., 2005. Componentes bioactivos do feijão comum (*Phaseolus vulgaris* L.). *Research Signpost* (2). Índia: 37-661.

Rhodes M-J-C., Wooltorton L-S-C. e Hill A-C., 1981. Changes in phenolic metabolism in fruit and vegetable tissues under stress. *Academic Press*, Londres: 193-220.

Riba A., Sabeau N., Mathieu F. e Lebrihi A., 2005. Premitires investigations sur les champignons producteurs d'Ochratoxine A dans la filitire ctirtiale en Algtirie. *Simpósio Euro-Magrebino sobre contaminantes biológicos e químicos e segurança alimentar*, Ftis.

Ribtireau-Gayon P., 1968. Les composis phtinoliques des vtigtitaux. *Dunod*, Paris: 254 p.

Rice-Evans C-A., Miller N-J., Bolwell P-G., Bramley P-M. e Pridham J-B., 1995. The relative antioxidant activities of plant-derived polyphenolic flavonoids. *Free Radical Research*, 22: 375-383.

Riviere J., 1975. Les applications industrielles de la microbiologie. Coleção ciências agronómicas. *Masson et Cie*: 31-195.

Roquebert M-R., 1997. Os bolores na natureza, biologia e contaminação. Publicação científica do Vhisc'um National d'Histoire Naturelle, Laboratoire de Cryptogamie, Paris. Sítio Web: http://www.roquber@mnhn.fr.

Ross K-A., Beta T. e Arntfield S-D-A., 2009. Estudo comparativo dos ácidos fenólicos identificados e quantificados em feijões secos utilizando HPLC e afectados por diferentes métodos de extração e hidrólise. *Food Chemistry*. 113: 336-344.

Satish S., Raghavendra M-P., Mohana D-C. e Raveesha K-A., 2010. Avaliação in vitro da potencialidade antifúngica de *Polyalthia longifolia* contra alguns bolores de grãos de sorgo. *Jornal de Tecnologia Agrícola*. Vol.6(1): 135-150.

Scriban R., 1993. Biotecnologia. *Lavoisier*: 32-690.

Serrano M., Zapata P-J., Castillo S., Guilten F., Martinez-Romero D. e Valero D., 2010. Os constituintes antioxidantes e nutritivos durante o desenvolvimento e o amadurecimento do pimentão são reforçados por tratamentos com nitrofenolato. *Food Chemistry*. 118: 497-503.

Sharma N. e Tripath A., 2007. Efeitos do óleo essencial do epicarpo de *Citrus* (L.) Osbeck no crescimento e morfogénese de *Aspergillus niger* (L.) Van Tieghem. *Microbiol. Res. no prelo*, 345-545.

Shirzadl H., Hassanil A., Ghosta Y., Abdollahi A., Finidokht R. e Meshkatalsadat M-H., 2011. Avaliação da atividade antifúngica de compostos naturais para reduzir o bolor cinzento pós-colheita (*botrytis cinerea* pers.: fr.) de kiwis (*actinidia deliciosa*) durante o armazenamento. *Journal of Plant Protection Research* Vol 51, N°1.

Singleton V-L., Orthofer R. e Lamuela-Raventos R-M., 1999. Análise de fenóis totais e outros substratos oxidantes e antioxidantes por meio do reagente Folin-Ciocalteu. *Methods Enzymol*, 299: 152-178.

Siret C., 2000. Estrutura dos alimentos. *Techniques d'mgenieur*: 11.

Smith R., 2002. Guia de identificação de fungos. Departamento de Patologia Veterinária, *Universidade do Texas*: 24-26.

Solis-Pereira S., Ernesto F-T., Gustero V-G. e Mariano-Gutierrez R., 1993. Efeito de diferentes fontes de carbono na síntese de pectinase por Aspergillus niger em fermentação submersa e em estado sólido. *Appl. Microbiol. Biotechnol.* 39: 36-41.

Sprent JI, e Parsons R., 2000. Nitrogen fixation in legume and non legume trees (Fixação de azoto em árvores leguminosas e não leguminosas). *Field crop Resh*, 65: 183-196.

Subrahmanyam M., Hemmady A. e Pawar S-G., 2001. Atividade antibacteriana do mel em bactérias isoladas de feridas. *Anais de Queimaduras e Desastres de Incêndio*. XIV (I).

Sud D., Sharma O-P. e Sharma P-N., 2005. Seed mycoflora in kidney bean (*Phaseolus vulgaris L.*) in Himachal Pradesh. *Seed Res* 33: 103-107.

Suszka B., Muller C. e Bonnet Masimbert M., 1994. Sementes de folhosas florestais: da colheita à sementeira. *Instituto Nacional de Investigação Agronómica (INRA)*. Paris: 30-31.

Swinny E. e Markham K., 2003. Application of flavonoid analysis and identification techniques: isoflavones (phytoestrogens) and 3-deoxyanthocyanins. In: Flavonoids in health and disease, Rice Evans C., Packer L. *Marcel Dekker*, New York: 97-122.

Tabuc C., 2007. Flora fúngica de diferentes substratos e condições óptimas para a produção de micotoxinas. *Estes doutoramentos*. Escola Nacional de Veterinária de Toulouse. 190 P.

Tahani N., Elamrani A. Serghini-Caid H., Ouzouline M. e Khalid A., 2008. Isolamento e identificação de estirpes de bolores toxigénicos. *Rev. Microbiol. Ind. San et Environn.* Vol2, N°1: 81-91.

Tameling W-I-L. e Takken F-L-W., 2008. Proteínas de resistência: batedores do sistema imunitário inato das plantas. *Eur. J. Plant Pathol*: 243-55.

Tatsadjieu N-L., Jazet Dongmo P-M., Ngassoum M-B., Etoa F-X. et Mbofung C-M-F., 2009. Investigações sobre o óleo essencial de *Lippia rugosa* dos Camarões para a sua potencial utilização como agente antifúngico contra *Aspergillus flavus*. *Controlo Alimentar*. 20:161-166.

Taylor J-W., 1996. Ascomycota Sac Fungi Department of Plant and Microbial Biology. *Universidade da Califórnia Berkeley*: 94720-3120.

Thiam A-A., Drapron R. e Rhichard molard D., 1976. Causas de alteração das farinhas de painço e de sorgo. Ann. *Technol. Agric.*25 (3): 253-271.

Tiwari B-K., Valdramidis V-P., O'Donnell C-P., Muthukumarappan K., Bourke P. e Cullen P-J., 2009. Application of natural antimicrobials for food preservation (Aplicação de antimicrobianos naturais para a conservação de alimentos). *Journal of Química Agrícola e Alimentar.* 57: 5987-6000.

Tseng T-C., Tu J-C. e Tzean S-S., 1995. Mycoflora e micotoxinas em feijão seco (*Phaseolus vulgaris*) produzido em Taiwan e em Ontário, Canadá. *Bot. Bot. Acad. Sinica* 36: 229234.

Van Sumer C-F., 1989. Fenóis e ácidos fenélicos. In: Plant phenolics. Methods in plant biochemistry, vol 1, Harborne J-B. *Academic Press*, Londres: 29-73.

Vance C-P., Graham P-H. e Allan D-L., 2000. Biological nitrogen fixation. Phosphorus: a critical future need. *In*, Pedrosa F.O., Hungria M., Yates M.G., Newton W.E. Nitrogen fixation: from Molecules to crop productivity. *Kluwer Academic Publishers,* Nova Iorque: 839-867.

Wiley J., 2005. Essential microbiology. *Southern Gate, Chichester, West Sussex* PO19 8SQ, Inglaterra: 481 P.

Wulf L-W. e Nagel C-W., 1978. High pressure liquid chromatographic separation of anthocyanins of *Vitis vinifera, Am. J. Enol. Vatic.* 29: 42-49.

Xu B. e Chang S., 2009. Perfis fenólicos totais, ácido fenólico, antocianina, flavan-3-ol e flavonol e propriedades antioxidantes do feijão preto e pinto (*Phaseolus vulgaris* L.) afectados pelo processamento térmico. *Journal of Agricultural and Food Chemistry*, 57: 47544764.

Yen T-B. e Chang S-T., 2008. Efeitos sinérgicos do cinamaldeído em combinação com o eugenol contra fungos de decomposição da madeira. *Bioresource Technology* 99: 232-236.

Ying Tan S., Chi Kong Y., Elad T., Raymond P-G., Ross M-W., Xingen L. e Dennis D-M., 2008. Biodisponibilidade de ferro para leitões a partir de feijão comum vermelho e branco (*phaseolus vulgaris*). *J. Agric. Food Chem*: 5008-5014.

Yrjonen T., 2004. Técnicas de extração e de separação cromatográfica plana na análise de produtos naturais. *Sala de conferências 513 no Viikki Infocentre (Viikinkaari 11), Faculdade de Farmácia da Universidade de Helsínquia*: 64.

Zarrin M., Amirrajab N. e Nejad B-S., 2010. Atividade antifúngica *in vitro* de satureja khuzestanica jamzad contra *Cryptococcus neoformans. Pak. J. Med. Sci*; 26 (4): 880-882.

Zem T-L. e Fernondez M-L., 2005. Cardioprotective effects of dietary polyphenols. *The Journal of Nutrition*. 135: 2291-2294.

Apêndices

Apêndice 01. Composição dos meios de cultura (Guiraud, 2003).

Ambiente PDA

Extrato de batata 1000ml

Glucose 20g

Ágar 20g

Este meio é autoclavado a 120°C durante 15 minutos.

pH= 4,5

AMANN Lactofenol

Phënol puro.. cH^aШзё20g

Ácido lático 20g

.... Glicina40g

Água destilada20ml

Conservar em frasco colorido ao abrigo da luz.

Apêndice 02. Censo ótico dos extratos polifёnicos.

Extractos polifenólicos	PHRS	PHRC	PHBS	PHBC
Densidades ópticas	0,55±0,03	0,52±0,01	0,46±0,07	0,37±0,01

Apêndice 03. Efeito de inibição dos extractos polifdnólicos contra a estirpe de *Alternaria sp.*
(a): PHRS, (b): PHRC, (c): PHBS, (d): PHBC

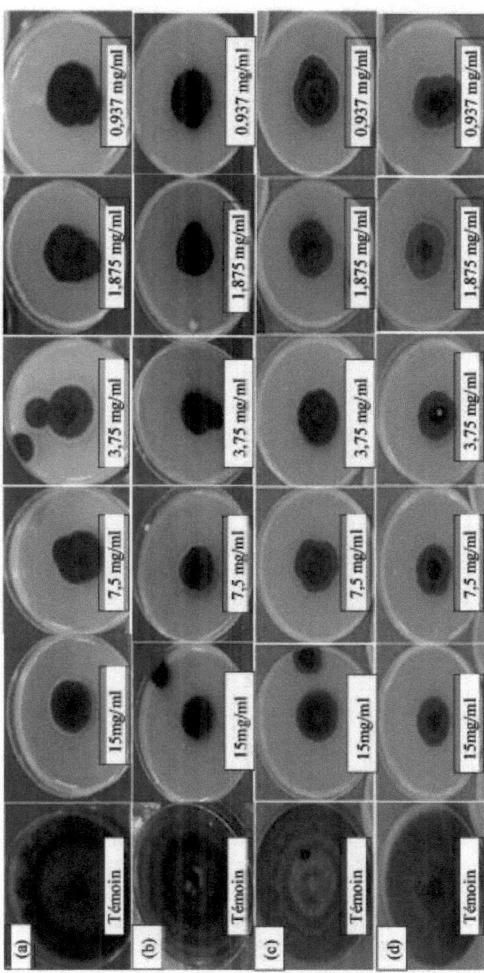

Apêndice 04. Efeito de inibição dos extractos polifdnólicos contra a estirpe de *Fusarium sp.* (a): PHRS, (b): PHRC, (c): PHBS, (d): PHBC.

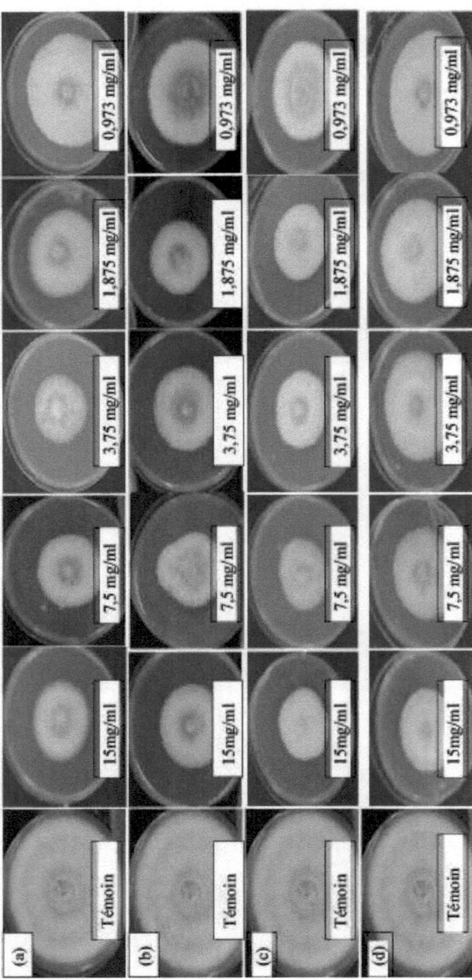

Apêndice 05. Efeito de inibição dos extractos polifdnólicos em Moniliella *sp.* estirpe (a): PHRS, (b): PHRC, (c): PHBS, (d): PHBC

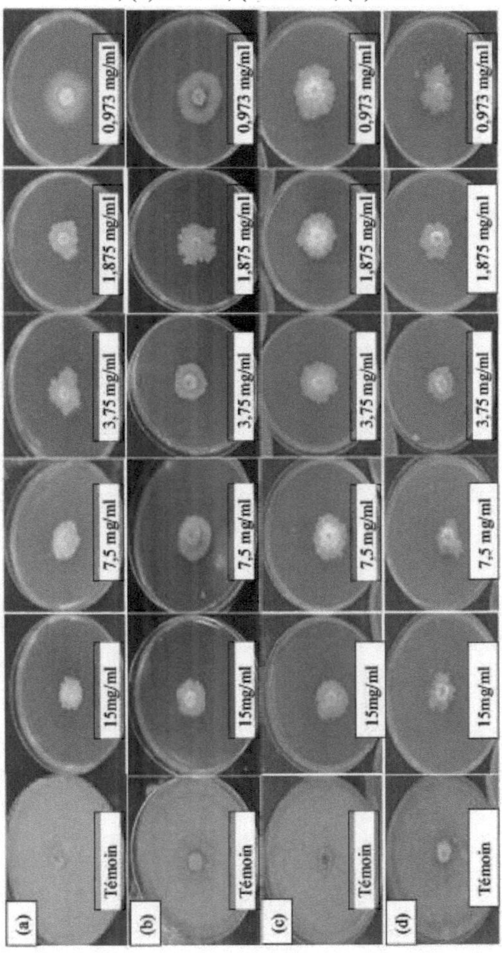

Apêndice 06. Efeito de inibição dos extractos polifdnólicos na estirpe *Rhizopus sp.* (a): PEERS, (b): PHRC, (c): PHBS, (d): PHBC.

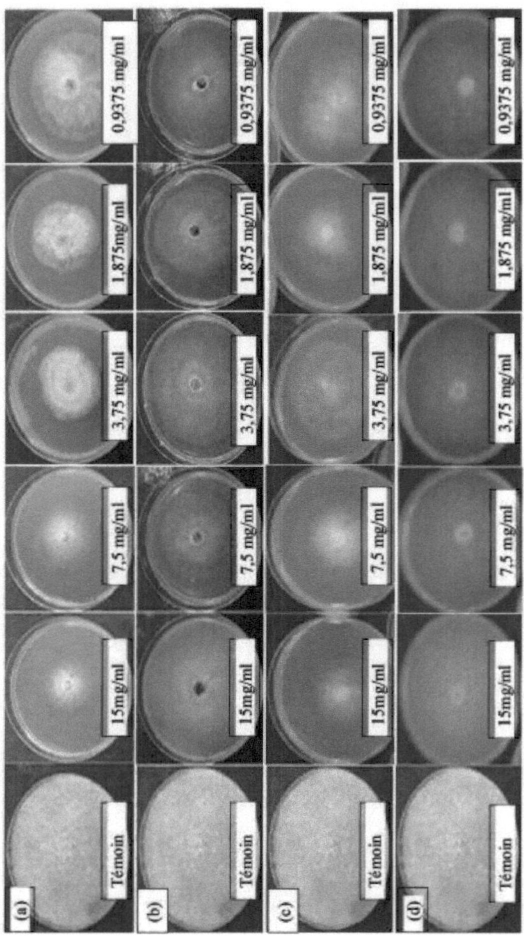

Apêndice 07.

A. Taxa de inibição de polifênóis totais de feijão seco contra a estirpe *Alternaria.sp.*

Estirpe	Concentrações (mg/ml)	Percentagens de inibição (%)			
		PHBS	PHBC	PHRS	PHRC
Alternaria sp.	15,00	62,94±0,83	65,29±0,83	63.52±1,66	75,00±0,90
	7,50	61,_7±1,66	62,94±0,83	60,00±1,67	69,23±1,81
	3,75	57,64±1,66	62,35±1,66	58,82±0,00	65,38±0,00
	1,87	57,06±5,83	61,76±4,16	56,47±3,32	63,46±4,53
	0,94	56,47±1,67	59,99±6,65	53,53±5,82	62,82±1,81

B. Taxa de inibição de polifenóis de feijão seco contra a estirpe de *Fusarium sp.*

Estirpe	Concentração s (mg/ml)	Percentagens de inibição (%)			
		PHBS	PHBC	PHRS	PHRC
Fusarium sp.	15,00	49,37±0,88	18,75±1,76	39,37±0,88	45,29±4,16
	7,50	47,50±1,77	16,25±0,00	31,25±0,00	42,35±0,00
	3,75	46,87±4,42	13,75±1,77	30,62±0,88	39,41±2,50
	1,87	45,87±0,88	12,50±0,00	28,75±5,30	34,12±0,00
	0,94	45,00±01,77	10,00±0,00	26,87±0,88	32,35±4,16

C. Taxa de inibição de polifenóis de feijão seco contra a estirpe *Moniliella sp.*

Estirpe	Concentrações (mg/ml)	Percentagens de inibição			
		PHBS	PHBC	PHRS	PHRC
Moniliella sp.	15	72,5±0	80±1,77	81,76±0,83	77,06±0,83
	7,5	68,75±0	78,12±4,42	78,23±0,83	75,88±0,83
	3,75	68,75±5,_0	75,62±0,88	77,64±1,66	75,29±0
	1,87	65±1,77	75±0	76,47±0	72,94±1,67
	0,94	63,1±2	71,25±1,77	75,32±1,62	68,82±2,50

D. Taxa de inibição de polifênóis de feijão seco contra a estirpe *Rhizopus sp.*

Estirpe	Concentrações (mg/ml)	Percentagens de inibição			
		PHBS	PHBC	PHRS	PHRC
Rhizopus sp.	15,00	54,18±0,00	26,47±4,16	59,41±4,16	44,11±2,50
	7,50	33,23±1,34	24,70±1,66	44,70±4,98	42,94±0,83
	3,75	30,00±0,83	22,94±0,83	33,53±5,83	39,41±2,50
	1,87	30,85±2,04	20,00±0,00	32,35±0,83	34,12±0,00
	0,94	28,82±4,16	17,65±0,00	31,76±4,99	32,33±4,13

Currículo

O objetivo deste estudo foi avaliar a atividade antifúngica dos polifenóis extraídos da farinha integral de duas variedades de feijão seco, uma branca (*Tima*) e outra vermelha (*MGT djedida*). A determinação do teor de humidade das duas variedades de feijão seco revelou níveis favoráveis ao desenvolvimento de bolores. O isolamento, a purificação e o estudo microscópico das estirpes isoladas permitiram identificar seis géneros de bolores: *Alternaria, Aspergillus, Fusarium, Moniliella, Penicillium* e *Rhizopus*. Os polifenóis totais foram extraídos com um solvente polar e quantificados pela reação de Folin Ciocalteu. O teor em polifenóis totais foi de 0,40±0,005 mg EAG/g para a variedade vermelha e de 0,27±0,005 mg EAG/g para a variedade branca. 100O teste antifúngico realizado pelo método de contacto direto e pelo método de diluição e o índice antifúngico (IA) demonstraram o poder antifúngico dos polifenóis, sendo *Alternaria sp.*, *Moniliella sp.* e *Rhizopus sp. as* estirpes mais sensíveis. Os polifenóis mais activos são os extraídos da variedade sã de feijão-miúdo. Com base neste estudo, podemos concluir que os resultados obtidos são promissores, encorajando o desenvolvimento de variedades com um elevado teor de polifenóis, um conservante natural e bioeficaz que pode ser uma solução alternativa ao controlo químico para a proteção das culturas em instalações de armazenamento.

Palavras chave: Polifenóis, atividade antifúngica, feijão seco.

Printed by Books on Demand GmbH, Norderstedt / Germany